DELINEAMENTO E ANÁLISE DE EXPERIMENTOS NAS CIÊNCIAS AGRÁRIAS

Sonia Vieira

DELINEAMENTO E ANÁLISE DE EXPERIMENTOS NAS CIÊNCIAS AGRÁRIAS

Fotos da capa: Fotokostic e Dragunov by Depositphotos imagebank

FEALQ

Av. Centenário, 1080
13416-000. Piracicaba, SP, Brasil

Fone: 19-3417-6609
livros@fealq.org.br
www.fealq.org.br

Editoração eletrônica: Anthares

Catalogação na Publicação
DIVISÃO DE BIBLIOTECA – DIBD/ESALQ/USP

Vieira, Sônia
Delineamento e análise de experimentos nas ciências agrárias / Sonia Vieira. – Piracicaba : FEALQ, 2021.
224 p. : il.

ISBN: 978-65-89722-01-4

1. Análise de variância 2. Ciências agrárias 3. Estatística aplicada I. Titulo.
CDD 519.535

Elaborada por Maria Angela de Toledo Leme - CRB-8/3359

ISBN 978-65-89722-01-4

Para meus netos
Guilherme, Luma e Débora,
que buscam um Brasil
mais justo, mais verde,
mais solidário.

Prefácio

Pesquisar é investir no futuro. Mas pesquisar não significa apenas bem trabalhar o material pesquisado – o que, obviamente, é necessário. Toda pesquisa vai além, precisa ser bem planejada, o que exige estudo, experiência e reflexão. E a pesquisa só termina depois da análise correta dos resultados e de uma muito convincente interpretação.

Ler artigos científicos é atividade fundamental para acompanhar e participar do desenvolvimento progressivo da ciência, mas também é importante ler livros didáticos que exponham conhecimento consolidado. Daí a razão deste livro: foi escrito para quem se inicia nas técnicas de delineamento e análise de experimentos ou para quem se dedica a áreas específicas das ciências agrárias e busca informação sobre ciência experimental.

As técnicas aqui apresentadas são conhecidas, mas a ênfase é diferente. São apresentados exemplos de pesquisas que estão acontecendo no país, porém os exemplos numéricos são, em sua grande maioria, fictícios. Eles foram concebidos com a finalidade de facilitar a digitação e também permitir que os cálculos sejam feitos sem a utilização de softwares de estatística, mesmo sendo obrigatório saber utilizá-los. De qualquer modo, as seções que envolvem maior gosto pela matemática foram assinaladas com um asterisco e podem ser evitadas sem prejuízo do entendimento do texto.

Quem utilizar este livro para estudo deve buscar um software de estatística para conferir os resultados. Há sempre novas ofertas no mercado, tanto comerciais como gratuitas. Ainda, as pessoas têm acesso ao que suas instituições oferecem. Por essa razão, não foi feita opção por nenhum software. Mas aqui são explicados os delineamentos dos experimentos mais usados na prática, com apresentação da necessária análise. O conjunto de conhecimentos oferecidos é básico. Mas quem quiser continuar a estudar facilmente encontrará literatura sobre tópicos muito mais avançados. Mas o básico permanece.

Este livro foi escrito porque colaborar com pesquisadores sempre foi uma fonte de satisfação para mim. Essa atividade colocou-me em contato com profissionais das mais diversas áreas e, com isso, aprendi muito com eles.

Espero que eles também tenham aprendido comigo. Mas produzir um livro didático exige muita ajuda, embora a escrita seja tarefa solitária.

Muito devo aos meus alunos e a todos aqueles que me procuraram buscando colaboração na área de Estatística. Aprendi muito com eles, e muitas vezes me deparei com problemas novos, desafios novos e com amigos novos. Mas vou citar aqui os nomes daqueles que me ajudaram, muito de perto, para que este trabalho se concretizasse. Ficam aqui registrados meus maiores agradecimentos à Editora da FEALQ que publica o livro, a Evaristo Marzabal Neves, que me propiciou as condições para isso, a Martha Maria Mischan e José Merzel, pela análise da versão preliminar do texto, a Andrés Enrique Lai Reyes pela assessoria no trabalho computacional, a Tsuioshi Yamada pelo esclarecimento de alguns tópicos e a Gabriel Adrián Sarriés, pelas muitas sugestões e algumas críticas. Muito obrigada a todos.

A autora

Sumário

CAPÍTULO

1

Introdução à Ciência Experimental

Muito do conhecimento que a humanidade acumulou ao longo dos séculos foi adquirido através da experimentação. Mas a ideia de experimentar não é apenas antiga, pertence ao nosso dia a dia. Todos nós já aprendemos algumas coisas ao longo da vida, experimentando. No entanto, os métodos experimentais em condições controladas só foram incorporados à pesquisa científica no início do século XX, formalizados pela Estatística[1].

A experimentação tem hoje papel fundamental em ciência e tecnologia. É fazendo experimentos que o pesquisador e o gestor buscam avaliar relações de causa e efeito. Um experimento é um "estudo controlado", no sentido de que se controla não apenas as intervenções que são feitas, mas também a maneira de designar essas intervenções às unidades experimentais.

Por essa razão, pesquisadores e gestores devem despender tempo estudando e planejando cada experimento, de forma a ter grande probabilidade de produzir evidência – lembrando sempre que mesmo uma boa análise não supera o problema da má qualidade dos dados.

Neste Capítulo, vamos conceituar alguns termos que precisam fazer parte do vocabulário de quem faz pesquisa experimental.

---

[1]A estatística para a experimentação tem seus primórdios na Estação Experimental de Rothamsted (*Rothamsted Experimental Station*), Inglaterra.

1.1. Termos Técnicos

1.1.1. Experimento

Em um *experimento*, também conhecido como ensaio[2], o pesquisador manipula uma ou mais variáveis enquanto mantém outras constantes, para estudar o efeito dessas variáveis em uma ou mais medidas que faz no material que estuda.

▶ Exemplo de experimento

Para estudar o efeito de diferentes tipos de adubo sobre a produtividade de grãos de soja, o pesquisador faz um experimento em que mede a variação da produtividade de grãos de soja quando aplica diferentes tipos de adubo no solo.

1.1.2. Unidade Experimental ou Parcela

Unidade experimental (*experimental unity*) é a menor entidade do experimento na qual são feitas as observações[3]. Nas ciências agrárias, é usual designar a unidade experimental pelo termo *parcela* (*plot*)[4].

▶ Exemplos de parcelas

1. Em casas de vegetação, um vaso com plantas.
2. Na experimentação com cereais e cana de açúcar, duas linhas de 10 m ou quatro linhas de 5 m, pareadas.
3. Para árvores de grande porte como mangueiras, uma ou duas árvores.
4. Para animais de grande porte como búfalos ou bovinos, um por parcela.
5. Para animais de médio porte como suínos, dois a quatro por parcela.
6. Para animais de pequeno porte como codornas, de cinco a oito por parcela.

---

[2] O termo ensaio é mais comum em laboratórios e nas áreas médicas. Nas ciências agrárias, é mais comum dizermos experimentos.

[3] Você encontra, na literatura de estatística, os termos unidade experimental e unidade amostral. Neste livro, vamos tratar de unidade experimental. Unidade amostral refere-se à menor entidade em um levantamento de dados. Por exemplo, em uma pesquisa de opinião com universitários, um único universitário seria uma unidade amostral.

[4] Você encontra informações sobre tamanho de parcelas para situações específicas na literatura da área. Por exemplo: SOUSA, R.P.; LIMA E SILVA, P.S. ASSIS, J.P. Tamanho e forma de parcelas para experimentos com girassol. Revista Ciência Agronômica. 47 (4): 2016.

Em experimentos de adubação, experimentos com defensivos agrícolas, experimentos de irrigação e em muitas outras situações, a parcela tem duas partes: área útil e *bordadura*. A área útil fornece os dados do experimento. A bordadura é formada por linhas de plantas que fazem o contorno no derredor da área útil. A bordadura é, portanto, uma barreira física de proteção, que tem a finalidade de evitar a contaminação da área útil pelos tratamentos aplicados às parcelas vizinhas. Embora possa ser da mesma cultura da parcela, as informações colhidas das plantas que constituem a bordadura não podem ser consideradas como resultados experimentais. Veja o esquema na Figura 1.1: são três parcelas, todas com bordadura.

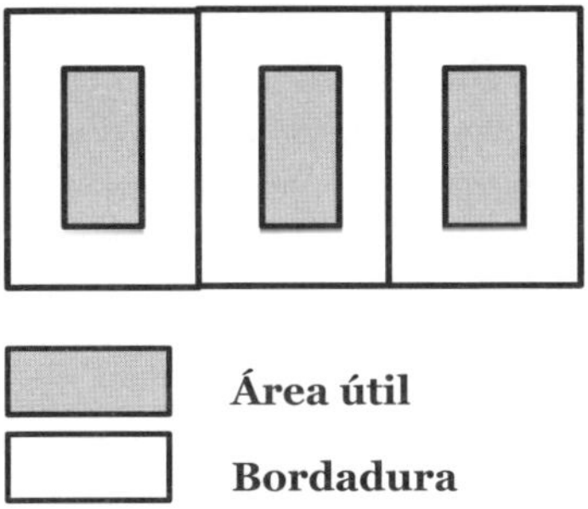

Figura 1.1. Delineamento de três parcelas com bordadura

1.1.3. Variáveis

Variável é uma condição ou característica das unidades experimentais. A variável assume valores diferentes (é variável) em diferentes unidades.

Variável independente é aquela manipulada pelo pesquisador para medir seu efeito sobre a condição, ou a característica que estuda.

Variável dependente é a condição ou característica medida ou observada em cada unidade experimental.

▶ Exemplo de variável independente e de variável dependente

Em um experimento para medir o efeito de diferentes tipos de adubo sobre a produtividade de grãos de soja, há duas *variáveis:*

- *Tipo de* adubo (*X*), que é a *variável independente,* porque é o pesquisador quem determina os tipos de adubo que irá aplicar.
- *A* produtividade de grãos de soja (*Y*), que é a *variável dependente,* porque é função do tipo de adubo aplicado.

Nas ciências agrárias, onde historicamente a experimentação surgiu como forma importante da pesquisa científica, a variável independente é conhecida como *tratamento*[5] e a variável dependente como *resposta*. Nos softwares de estatística você encontra, em geral, o termo *fator* para designar a variável independente.

Há variáveis *qualitativas* e variáveis *quantitativas*. A análise de variância, que é a técnica estatística tratada neste livro, só pode ser feita se a variável dependente for quantitativa[6] como, por exemplo, peso de animais, produção agrícola, tempo de maturação de frutas etc.

A variável independente (ou tratamento) deve ser qualitativa[7]. São *qualitativos* os tratamentos que têm natureza intrinsecamente diferente, isto é, que se distinguem pela qualidade do que está em teste como, por exemplo, tipos de fertilizantes, variedades de café, marcas comerciais de ração para aves etc... No entanto, alguns autores conduzem experimentos com tratamentos quantitativos. São *quantitativos* os tratamentos que se referem a níveis ou dosagens de um mesmo fator, ou seja, aqueles que se distinguem pela *quantidade* do fator em teste[8] como, por exemplo, um experimento em que se aplicam as doses 0, 1, 2, 4 e 8 toneladas de calcário por hectare, para determinar qual é a melhor dose.

▸ Exemplo de tratamento qualitativo

Pode ser feito um experimento de competição de cultivares de soja para determinar qual é o de mais alto rendimento. Os tratamentos (cultivares) são qualitativos.

▸ Exemplo de tratamento quantitativo

Pode ser feito um experimento para comparar a taxa média de crescimento absoluto de tomateiro cereja quando são aplicados níveis diferentes do mesmo biofertilizante[9]. Os tratamentos (níveis de biofertilizante) são quantitativos porque se diferenciam pela quantidade.

---

[5] Nas áreas de saúde, o termo tratamento vem sendo substituído por intervenção.

[6] Se a variável dependente é qualitativa, usam-se testes não paramétricos.

[7] O esquema fatorial é uma exceção.

[8] Nesses casos, deve ser feita uma análise de regressão.

[9] Com base em: ARAÚJO, H. F.; BETIN, P. S.; LEAL, P. A. M.; ZORZETO, T. Q.; SERVILHA, G. F. P. Crescimento do Tomateiro em Casas de Vegetação com Diferentes Níveis de Biofertilizante em Sistema Orgânico. Disponível em: https://scholar.google.com.br/citations?user=4QMB5-kAAAAJ&hl=pt-BR. Acesso 14 de maio de 2021.

1.1.4. Grupo Controle e Grupo Tratado

Para testar se determinado tratamento tem efeito sobre as unidades experimentais, são feitos experimentos nos quais algumas unidades *não* recebem tratamento. O conjunto de unidades que *não* recebe tratamento é denominado *grupo controle,* em contraposição aos outros grupos, denominados *grupos tratados*. Nas ciências agrárias, é comum usar o termo *testemunha*[10] para designar o grupo de unidades que não recebe tratamento.

Em experimentos laboratoriais e, menos frequentemente, em experimentos conduzidos em casas de vegetação, o grupo tratado é, muitas vezes, comparado com *dois grupos-controle*: o que não recebe qualquer tipo de tratamento, denominado *controle negativo* e o grupo que recebe tratamento padrão ou convencional, denominado *controle positivo.*

1.1.5. Confundimento

Se, em um experimento, os grupos se distinguem apenas pelo fato de um deles receber tratamento e o outro não, é lógico inferir que a causa da diferença entre grupos seja o tratamento. No entanto, se os grupos diferem com relação a outra, ou a outras variáveis, a diferença entre os grupos pode ser explicada tanto pelo tratamento como por essas outras variáveis – as chamadas *variáveis de confusão* (*confounding variables*) ou *variáveis intervenientes* (*intervening variables*).

Nesses casos, dizemos que ocorreu *confundimento* (*confounding*), isto é, o efeito do tratamento ficou *confundido* com o efeito das variáveis de confusão. Isto só acontece quando as possíveis variáveis de confusão *não* são devidamente controladas no planejamento do experimento.

---

[10] O termo *grupo controle* (do inglês *control group*) é usual nas ciências de saúde, mas nas áreas agrárias é muito mais usado o termo testemunha (do francês *témoin*).

▶ **Exemplo de confundimento**

Um pesquisador quer avaliar a eficiência de uma nova marca comercial de fertilizante. Aplica, então, o novo fertilizante em dez parcelas de determinada cultura e o fertilizante usual em outras dez. As parcelas que receberam o novo fertilizante foram, em grande maioria, locadas onde o sistema de irrigação havia sido recentemente reparado, mas as parcelas que receberam o fertilizante usual ficaram, predominantemente, em local onde o sistema de irrigação necessitava reparos.

Neste exemplo, os efeitos dos fertilizantes ficaram *confundidos* com os efeitos da qualidade da irrigação. Não há, portanto, como separar a diferença entre marcas de fertilizantes da diferença que pode ser atribuída à qualidade do sistema de irrigação (que no exemplo é a variável de confusão).

1.2. Exigências Básicas da Experimentação

Para conduzir um experimento na área de ciências agrárias, é preciso repetir, casualizar e controlar o local[11]. Veja o diagrama da Figura 1.2.

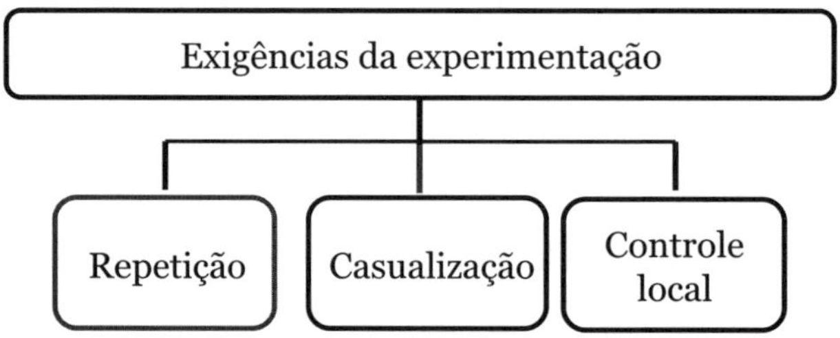

Figura 1.2. Exigências da experimentação

1.2.1. Repetição

Repetição em ciência significa fazer a mesma pesquisa nas mesmas condições muitas e muitas vezes para adquirir confiança nas conclusões. No contexto de delineamentos experimentais, porém, o termo *repetição* (*repe-*

[11] Embora classicamente considerada exigência, não é usada nos delineamentos completamente ao acaso.

tition) é usado para designar as parcelas que recebem o mesmo tratamento em um experimento[12].

Quantas repetições um experimento deve ter? É possível calcular o número de repetições (ou o tamanho da amostra) que devem ser usadas em determinado experimento. Para fazer esses cálculos, usam-se fórmulas que exigem, entre outras coisas, que o pesquisador conheça a variabilidade (medida pela variância) do material experimental.

Na prática, porém, o número de repetições é limitado pelos recursos disponíveis. No entanto, o pesquisador também deve levar em conta a homogeneidade do material experimental, o número de tratamentos, a precisão necessária e – principalmente – o que é usual na área. Quanto mais homogêneo for o material – em termos das características que têm efeito sobre as observações ou medições que serão feitas – menor será o número de repetições necessário para mostrar, com clareza, o efeito de um tratamento. Quanto maior for o número de tratamentos, mais unidades experimentais serão, obviamente, necessárias.

De qualquer forma, como uma regra prática[13], o número de repetições em um projeto deve fornecer, no mínimo, 10 graus de liberdade para estimar a variância do resíduo da análise de variância[14].

1.2.2. Casualização

Casualização, também referida na literatura especializada como randomização (*randomization*), refere-se à prática de usar procedimento aleatório (sorteio) para designar os tratamentos às unidades experimentais. Espera-se, assim, que efeitos potenciais desconhecidos sejam distribuídos igualmente entre os diversos tratamentos. Portanto, os tratamentos devem ser designados às unidades experimentais ao acaso – *nunca* por regras sistemáticas.

---

[12] No Brasil, usa-se repetição, mas em inglês está sendo mais usado o termo réplica (replication). Aliás, há autores que denominam as unidades diferentes que recebem o mesmo tratamento de réplica e as unidades medidas diversas vezes de repetição. Veja:
DEAN, A.; VOSS, D.; DRAGULJIĆ, D. **Design and analysis of experiments**. 2. ed. New York: Springer, 2017.

[13] Veja explicação dessa regra prática em VIEIRA, Sonia. Graus de liberdade no Resíduo de uma análise de variância. Disponível em: https://soniavieira.blogspot.com/2021/04/graus-de-liberdadeno Resíduo Acesso em: 30 jul. 2021.

[14] Análise de variância começa a ser tratada no Capítulo 3.

▶ Exemplo de falta de casualização

Um pesquisador quer conduzir um experimento em vasos para estudar o efeito de determinado adubo sobre o crescimento de uma folhagem. Cada vaso será uma parcela. Se o pesquisador distribuir os vasos na casa de vegetação como mostra a Figura 1.3 – à esquerda estão unidades adubadas e à direita unidades não adubadas – o delineamento está errado. Isto porque – se as folhagens adubadas crescerem mais – o pesquisador não poderá dizer que a diferença é explicada apenas pelo adubo. O maior crescimento das folhagens adubadas talvez possa ser explicado pela melhor posição em relação à luz e à ventilação.

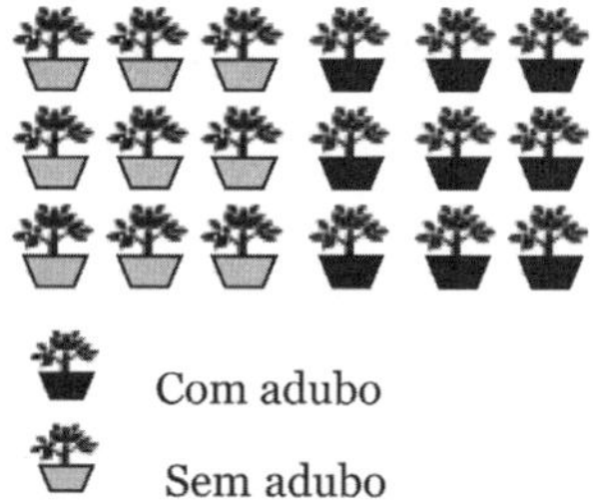

Figura 1.3. Delineamento (errado) de experimento sem casualização

▶ Exemplo de casualização

Para estudar o efeito de determinado adubo sobre o crescimento de uma folhagem, como o pesquisador deve distribuir os vasos dentro da casa de vegetação? Deve fazer uma distribuição ao acaso, como mostra a Figura 1.4. Devido a casualização, as parcelas adubadas não se concentram de um só lado, como acontece na Figura 1.3. Isto evita, por exemplo, que as plantas adubadas fiquem alocadas apenas no lado mais ventilado e mais iluminado da casa de vegetação, o que favoreceria a recomendação de adubar.

Figura 1.4. Delineamento de experimento com casualização

O princípio da casualização é uma das maiores contribuições dos estatísticos à ciência experimental. Só a casualização garante que unidades com características diferentes tenham igual probabilidade de serem designadas para os diferentes tratamentos. Em outras palavras, dois grupos, formados por procedimento aleatório, têm maior probabilidade de serem similares. Se os grupos forem similares no início do experimento, é razoável concluir que uma diferença expressiva entre grupos é explicada pelo tratamento – e não pelo acaso[15].

Não existem alternativas válidas para a casualização. O pesquisador que "escolhe" as unidades por critério próprio – por melhores que sejam as intenções – torna seus resultados tendenciosos. Por essa razão, nos resumos de trabalhos publicados, é usual expor o delineamento utilizado e deixar claro que houve distribuição aleatória dos tratamentos. Se o pesquisador tiver objeções à técnica de casualização, deve consultar um estatístico porque, muitas vezes, é possível fazer o sorteio mantendo as restrições necessárias. Mas como se faz a casualização?

Para bem entender a técnica, vamos pensar em um experimento conduzido com a finalidade de comparar dois grupos – o tratado e o controle. Já se sugeriu proceder à casualização da seguinte forma: toma-se uma unidade e joga-se uma moeda: se ocorrer "cara", por exemplo, a unidade é designada para o grupo tratado e se ocorrer "coroa", a unidade é designada para o grupo controle. Se houver vários grupos em comparação, usam-se fichas que identifiquem cada tratamento (por exemplo, A, B, C etc.). Colocam-se as fichas, bem misturadas, em uma urna. Depois, um tratamento é sorteado para cada unidade. Pode *parecer* que a mistura física conduza a uma escolha aleatória, mas nem sempre isso acontece. Fichas nem sempre ficam bem misturadas – o que pode gerar uma amostra tendenciosa.[16]

Hoje, a designação dos tratamentos às parcelas é feita antes do início dos trabalhos, em computador, por meio de tabelas de números aleatórios (*random digits*). O resultado da casualização deve ser escrito e apresentado ao pesquisa-

[15] A casualização tende a distribuir unidades experimentais diferentes pelos dois grupos, mas não é uma garantia de que isso irá ocorrer.

[16] Em 1970, a convocação para servir na Guerra do Vietnã foi feita nos Estados Unidos sorteando, de uma urna, bolas nas quais estavam escritas possíveis datas de aniversário, de 1º de janeiro a 31 de dezembro, em sequência. Sorteava-se, então, uma bola da urna (uma data de aniversário) e todos os nascidos naquele dia, em 1952 (ano de nascimento dos homens que completaram 18 anos em 1970), eram convocados. Devido à má mistura, foram sorteadas as bolas colocadas por último. Resultado: foram convocados para a guerra mais jovens nascidos em dezembro. In: MOORE, D.S. **Statistics: concepts and controversies**. San Francisco: Freeman, 1979.

dor. Então, para comparar um tratamento com o grupo controle, um resultado possível para a casualização seria, por exemplo, T, C, C, T, C, T, T, C etc. As unidades experimentais são designadas ao grupo tratado (T) ou controle (C) na ordem em que estiverem, mas segundo o resultado da casualização.

1.2.2.1. Tabelas de números aleatórios

Existem diversos tipos de *tabelas de números aleatórios* que podem ser usadas pelos pesquisadores no processo de casualização. Veja a Tabela 1.1[17]. Para entender como se usa essa tabela, imagine que um pesquisador pretende designar três tratamentos – A, B e C – para 12 parcelas, com uma única restrição: cada tratamento será repetido quatro vezes. Como pode ser feita a casualização, usando a Tabela 1.1?

Tabela 1.1. Números aleatórios

26	19	13	27	95	69	73	54	97	86	65	16
90	29	81	74	34	98	16	95	03	65	94	61
08	53	56	52	49	15	44	16	86	30	72	18
13	20	59	95	66	97	84	72	73	16	83	42
81	27	36	83	55	12	43	83	05	88	57	87
35	78	84	93	94	14	10	56	11	50	64	12
61	88	74	60	22	09	94	69	36	04	99	84
12	31	46	97	62	75	56	98	94	05	25	97
16	79	76	11	42	25	48	69	34	95	67	54
53	13	27	84	57	65	23	27	64	73	11	55
58	87	03	56	33	46	00	23	79	76	36	62
48	18	85	65	10	25	54	18	45	24	66	79
79	12	53	67	21	77	12	01	16	30	72	76
41	35	26	91	94	70	72	10	46	68	93	19
37	63	00	43	89	06	97	92	67	83	52	14
28	26	66	25	62	99	76	45	73	32	96	07
73	11	20	67	70	19	65	80	69	01	80	47
66	24	48	12	13	94	93	47	54	64	03	40
21	97	59	73	66	29	74	39	30	89	05	10
62	34	99	79	54	37	02	69	91	83	70	68

O pesquisador pode adotar o seguinte procedimento: confere às parcelas, na ordem em que estiverem (na casa de vegetação ou no campo e, se animais, nas baias) os números da primeira linha da tabela. As parcelas que receberem os menores números (no caso, 13, 16, 19 e 26) serão submetidas ao tratamento A; as que receberem os números seguintes (no caso, 27, 54,

[17] Este é apenas um pequeno trecho de um dos tipos de tabelas de números aleatórios que você encontra na literatura e na internet.

65 e 69) serão submetidas ao tratamento B; as que receberem os números maiores (no caso, 73, 86, 95 e 97) serão submetidas ao tratamento C.

A Tabela 1.1 apresenta números com dois dígitos, mas eles podem ser vistos de outra maneira. Por exemplo, a primeira linha, de 12 números com dois dígitos:

26 19 13 27 etc.,

pode ser vista como uma linha de seis números de quatro dígitos:

2619 1327 etc.,

ou uma linha de 24 números de um dígito:

2 6 1 9 1 3 2 7 etc.

1.2.3. Controle Local

Casualização e repetição são suficientes quando o material experimental é sabidamente homogêneo e o experimento será conduzido em condições bastante uniformes. Entretanto, nem sempre isso acontece, daí a necessidade de uma outra exigência - o controle local - frequentemente utilizado em experimentos de campo.

Para entender essa exigência, imagine que a área disponível para conduzir o experimento tem leve inclinação. É provável que a fertilidade do solo no topo seja menor que a do solo da baixada, devido ao fluxo gravimétrico de nutrientes. Nesse caso, é razoável agrupar as parcelas similares em conjuntos. Esses conjuntos de parcelas similares são denominados *blocos*. A organização de blocos é o *controle local*. Veja o desenho esquemático da Figura 1.5: os blocos corresponderiam às curvas de nível, só que um experimento real exigiria muito mais repetições.

▶ Exemplo de controle local

O pesquisador que faz experimentos de campo muitas vezes se depara com terrenos em declive. Se for razoável pressupor gradiente de fertilidade, o pesquisador deve organizar blocos ao longo das curvas de nível. Veja a Figura 1.5.

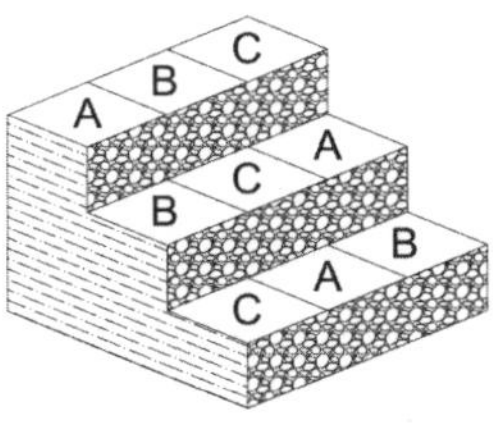

Figura 1.5. Organização de blocos em terraços (terreno em declive)

1.3. Resumo

Em um *experimento*, o pesquisador manipula uma ou mais variáveis, enquanto mantém outras constantes, para estudar o efeito dessas variáveis em uma ou mais medidas que faz no material que estuda.

Unidade experimental (*experimental unity*) é a menor entidade do experimento na qual são feitas as observações. Nas ciências agrárias, é usual designar a unidade experimental pelo termo *parcela* (*plot*).

Variável é uma condição ou característica das unidades experimentais. A variável assume valores diferentes (é variável) em diferentes unidades.

Variável independente é aquela manipulada pelo pesquisador para medir seu efeito sobre a condição, ou a característica que estuda. É o que, em ciências agrárias, se chama *tratamento.*

Variável dependente é a condição ou característica medida ou observada em cada unidade experimental. É o que, em ciências agrárias, se chama *resposta.*

Grupo controle ou testemunha é o conjunto de unidades escolhidas por procedimento aleatório para *não* receber tratamento.

Variáveis de confusão (*confounding variables*) são aquelas que afetam as respostas do experimento, mas são estranhas ao pesquisador, que na maioria das vezes nem sequer as percebe.

Repetição (*repetition*) designa as parcelas que recebem o mesmo tratamento em um experimento.

Casualização ou *randomização* (*randomization*) significa o uso de procedimento aleatório (sorteio) para designar os tratamentos às unidades experimentais.

Controle local (*local control*) significa agrupar parcelas similares em conjuntos denominados *blocos,* antes de sortear os tratamentos dentro de cada bloco.

1.4. Exercícios

1. Delineie um experimento para comparar a produção de quatro variedades de milho, considerando que você dispõe de uma área em condições similares para essa cultura.
   Nota: considere como parcela duas linhas de 10 m de comprimento, mais a bordadura.

2. Delineie um experimento para estudar o efeito de um aditivo sobre a dureza do concreto.
   Nota: considere que, para fazer o experimento, você tem 10 corpos de prova, que serão as unidades experimentais.

3. Delineie um experimento para comparar a resistência à ruptura de quatro marcas comerciais de toalhas de papel.

4. Foi feito um experimento[18] com quatro repetições para avaliar a produtividade de mamona irrigada, submetida a diferentes lâminas de água (L1 – 116,5 mm; L2 - 223,0 mm; L3 – 349,5 mm; L4 – 466,0 mm e L5 – 582,5 mm). Q*ual é a* variável dependente e q*ual é* a variável independente?
   Nota: cada parcela foi constituída por quatro linhas de mamona, cada uma contendo cinco plantas com espaçamento 1,0 × 1,0 m.

5. Pesquisadores querem comparar a eficiência de seis diferentes inseticidas e uma testemunha para uma mesma variedade de arroz[19]. Dispõem de 28 parcelas em condições similares para a cultura do arroz. Como você designaria os inseticidas para as diferentes parcelas?

[18] Com base em: PEREIRA FILHO, J. V.; BEZERRA, F. M. L.; SILVA, A. R. A.; FREITAS, C. A. S.; SOUSA, C. C. M.; SANTOS, P. B. Desempenho produtivo da mamoneira sob diferentes lâminas de irrigação e doses de potássio, no Vale do Curú, CE. Agropecuária Técnica – v. 32, n. 1, 2011 ISSN 0100-7467 – Areia, PB.

[19] Com base em: LEE, C.; O'NEALL, M. Agricultural Field Experiments: Analysis of variance with GenStat.. Disponível em . *https://www.agrotechresearch.com › Itemid,28.*Acesso em 30 de julho de 2018.

CAPÍTULO

2

Delineamentos Experimentais

Os *delineamentos experimentais* estabelecem como as parcelas devem ser organizadas para receber os diferentes tratamentos que lhes são designados de maneira aleatória. Um bom delineamento experimental permite estabelecer se existe relação de causa e efeito entre a variável independente (tratamentos) e a variável dependente (resposta).

Existem, basicamente, três tipos de delineamento: completamente ao acaso, que deve ser usado quando as parcelas são todas similares; em blocos, indicado quando existem conjuntos de parcelas similares que podem ser organizadas em blocos ou estratos; em quadrados latinos, quando as parcelas precisam ser organizadas em linhas e em colunas, porque existem duas causas de variação. Veja a Figura 2.1.

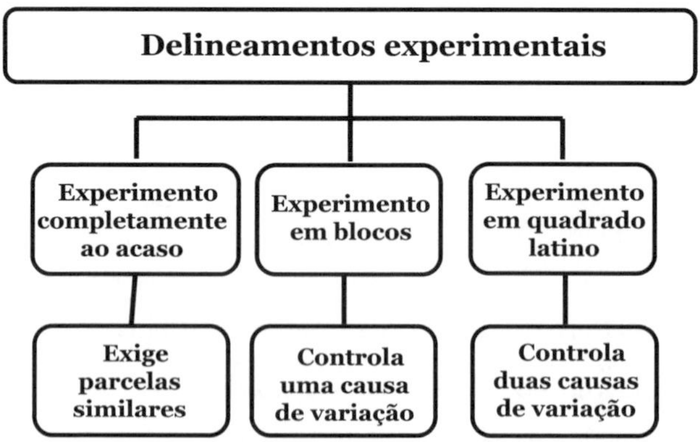

Figura 2.1. Delineamentos experimentais básicos

Para bem delinear um experimento, o pesquisador precisa de conhecimento sólido na área, obtido por meio de estudo e de prática. Afinal, um experimento impõe, deliberadamente, tratamentos a grupos de unidades experimentais, sejam essas unidades pessoas, animais, plantas ou objetos. Tempo e dinheiro são despendidos com a finalidade única de obter respostas. Então o mínimo que se espera de um pesquisador é que obtenha, com a maior qualidade possível, dados em quantidade suficiente para conseguir resultados válidos.

Para fazer um experimento, é essencial definir o objetivo do trabalho, explicando o que está em teste. É preciso identificar a unidade experimental (parcela) e as variáveis em análise. É preciso determinar o número de unidades que serão utilizadas em cada tratamento. Ainda, é obrigatório explicar o procedimento que será adotado para designar os tratamentos às unidades experimentais. O experimento é então conduzido e os dados obtidos devem ser submetidos à análise estatística. Os resultados, bem interpretados e bem discutidos, levam às conclusões do trabalho. Veja a Figura 2.2.

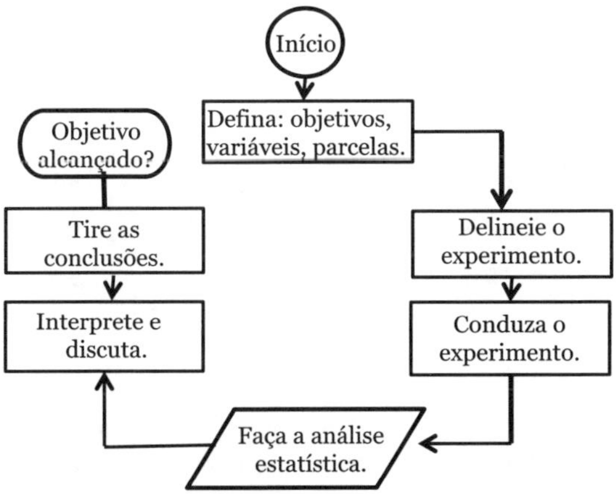

Figura 2.2. Procedimentos para a realização de um experimento

Atualmente são conduzidos experimentos nas mais diversas áreas: ciências agrárias, gestão, inteligência empresarial, ciências ligadas à indústria como química industrial e engenharia industrial, ciências da comunicação, nutrição. Neste livro, vamos tratar de experimentos nas ciências agrárias e, neste capítulo, vamos apresentar os delineamentos experimentais básicos.

2.1. Delineamento Completamente ao Acaso

O *delineamento completamente ao acaso* (*completely randomized design*) é o mais simples, em termos de análise e condução. É também conhecido como *delineamento inteiramente ao acaso, completamente casualizado, inteiramente casualizado.* Para fazer um experimento com esse tipo de delineamento, o pesquisador precisa dispor de *material experimental uniforme e condições ambientais muito similares*. Deve, então, designar os tratamentos às diferentes parcelas completamente ao acaso usando, de preferência, uma tabela de dígitos aleatórios[1].

▶ Exemplo de experimento completamente ao acaso em veterinária

Diferentes fontes de fósforo (tratamentos) foram adicionadas às rações de suínos para comparar seus efeitos sobre a mineralização óssea (resposta).[2] Foram utilizados 32 leitões machos castrados, com peso médio de 60 kg, dois animais por baia (parcela). Os tratamentos, que designaremos por A, B, C e D, foram designados às parcelas por procedimento aleatório. O delineamento poderia ter sido então o que está desenhado na Figura 2.3.

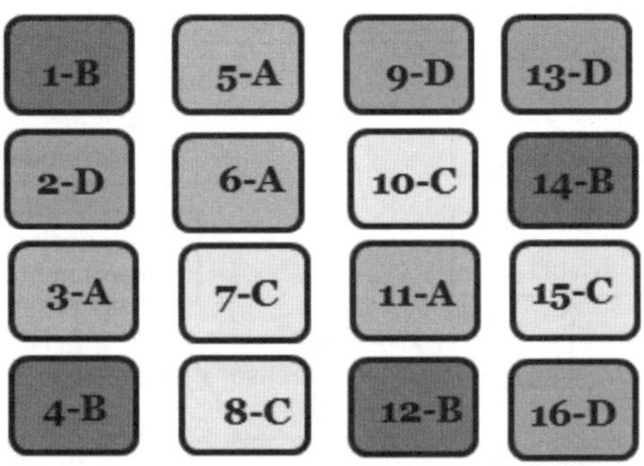

Figura 2.3. Delineamento de um experimento completamente ao acaso

O delineamento completamente ao acaso é frequentemente utilizado em experimentos conduzidos em laboratório, em casas de vegetação, com ani-

[1] Stat Trek. Statistics Dictionary. Disponível em https://stattrek.com/statistics/dictionary.aspx?definition=completely%20randomized%20design. Acesso em 24 de janeiro de 2019.

[2] Veloso, J.A.F.; Medeiros, S.L.S.; Costa, E.C.A. Mineralização óssea com quatro fontes de fósforo na terminação de suínos. Arq. Bras. Med. Vet. Zootec. 52 (4). 2000.

mais em confinamento, ou seja, nos casos em que o material experimental é homogêneo e as condições do ambiente são controladas. Nos experimentos de campo, onde as parcelas são mais heterogêneas e o meio ambiente não é controlável, esse tipo de delineamento é pouco utilizado.

A análise estatística de experimentos completamente ao acaso com igual número de repetições de todos os tratamentos é dada no Capítulo 3.

2.1.1. Delineamento completamente ao acaso com número diferente de repetições

Os experimentos completamente ao acaso são fáceis de delinear e analisar, com qualquer número de tratamentos. Entretanto, nem sempre o número de unidades que o pesquisador dispõe para seu trabalho é *múltiplo* do número de tratamentos que pretende comparar. Mas os experimentos com *delineamento completamente ao acaso* permitem ao pesquisador comparar tantos tratamentos quantos queira, usando número diferente de parcelas por tratamento.

▶ Exemplo de delineamento completamente ao acaso com número diferente de unidades por tratamento

Para determinar o conteúdo de ácido fólico (vitamina B) em folhas de chá verde[3], foram obtidas, no comércio, amostras de quatro marcas desse produto. Entretanto, o número de amostras de cada marca, conseguidas no comércio, era diferente: 7, 6, 5 e 4. O ensaio de laboratório se fez e a análise estatística decorreu normalmente.

Quando o objetivo do trabalho é comparar todos os grupos tratados com um só grupo controle[4], alguns autores recomendam colocar mais repetições no grupo controle. A justificativa é a de que, se o grupo controle – que serve de base para todas as comparações – tiver mais repetições que os grupos tratados, o resultado será mais confiável. Porém a maioria dos estatísticos considera preferível usar o mesmo número de repetições em todos os tratamentos, porque assim fica mais fácil atender às pressuposições de uma análise de variância.

---

[3] CHEN,T.S.;LUI, C.K.; SMITH, C.K. Journal of American Dietetic Association. [82 (6):627-32. 1983. Apud: DEVORE, J. L. **Probability and Statistics for Engineering and Science**. Brooks Cole, 2015. Online books.

[4] BATE, S. E ;KARP, N. A. A Common Control Group - Optimizing the Experiment Design to Maximize Sensitivity. PLoS One 9(12) 2014. Published online 2014 Dec 11. doi: 10.1371/journal.pone.0114872 DUNNETT, C. W. New tables for multiple comparisons with a control. *Biometrics*, 20:482-41, 1964.

▶ Exemplo de delineamento completamente ao acaso com número maior de unidades no grupo controle

Foi conduzido um experimento em casa de vegetação, com delineamento completamente ao acaso com número diferente de repetições, para estudar fatores nutricionais limitantes da fixação de nitrogênio atmosférico em uma leguminosa[5]. Foram utilizados quatro tratamentos: A – (com adubação completa, isto é, N, P, K, Ca, Mg, S e micronutrientes) B (com adubação completa, mas sem N) , C (com adubação completa, mas sem P) e D (com adubação completa, mas sem K). Cada uma das 20 parcelas foi constituída por três plantas cultivadas em saco plástico. O tratamento A, com o qual todos os outros foram comparados, teve oito repetições, o dobro dos demais. O delineamento poderia ter sido o que está mostrado na Figura 2.4.

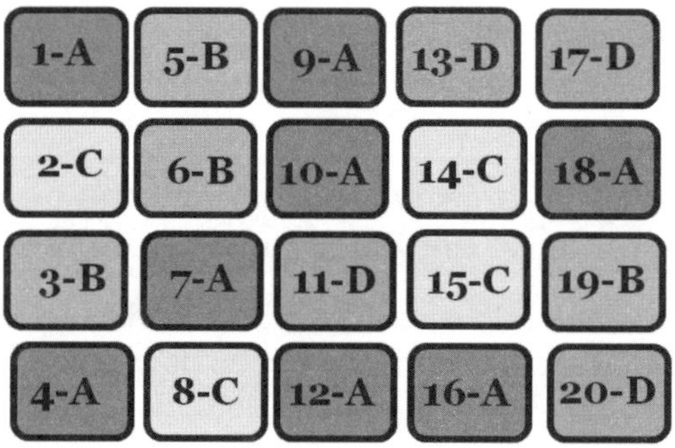

Figura 2.4. Delineamento completamente ao acaso com número maior de unidades no grupo controle

Veja como se faz a análise estatística deste tipo de experimento no Capítulo 7 deste livro.

2.2. Delineamento em Blocos

O delineamento em blocos (*block design*) é também conhecido como *delineamento em blocos ao acaso* (*randomized block design*) ou blocos casualizados. A denominação blocos ao acaso ou blocos casualizados é

[5] HOLANDA, F. J. M.; VASCONCELOS, I.; OLIVEIRA, M. E. S. Fatores nutricionais limitantes da fixação do nitrogênio atmosférico em sabiá (Mimosa caesalpiniaefolia Benth.) www.ccarevista.ufc.br/site/down.php?arq=04rca13.pdf. Acesso em 25 de julho de 2018.

potencialmente confusa porque sugere que os blocos são constituídos ao acaso. Mas é o contrário – os blocos são estruturados pelo pesquisador. Por essa razão, a designação aqui será delineamento em blocos.

Vamos entender porque os blocos são necessários. Por exemplo, se você estiver conduzindo um experimento de campo para comparar diferentes tipos de fertilizantes e a fertilidade natural da área variar de um extremo ao outro, é evidente que você pode chegar a conclusões erradas se optar um delineamento completamente ao acaso. É possível que determinado fertilizante tenha mais repetições na parte mais fértil do campo. Você concluiria então que esse fertilizante é melhor do que os outros, mas, na verdade, os efeitos desse fertilizante estariam "confundidos" com a fertilidade natural do solo.

Para delinear o experimento, você precisa fazer uma blocagem (*blocking*), isto é, delinear no campo espaços de fertilidade similar e, dentro desses espaços que são os blocos, delimitar as parcelas, todas de mesmo tamanho. Por exemplo, para comparar quatro tratamentos (A, B, C, D), uma opção é alocar, em cada bloco, quatro parcelas e designar, a cada uma, um dos tratamentos por procedimento aleatório. Veja a Figura 2.5. A *variabilidade dentro de blocos* deve ser menor que a *variabilidade entre blocos*. Com isso, você consegue remover qualquer vantagem ou desvantagem que um tratamento possa ter sobre outro.

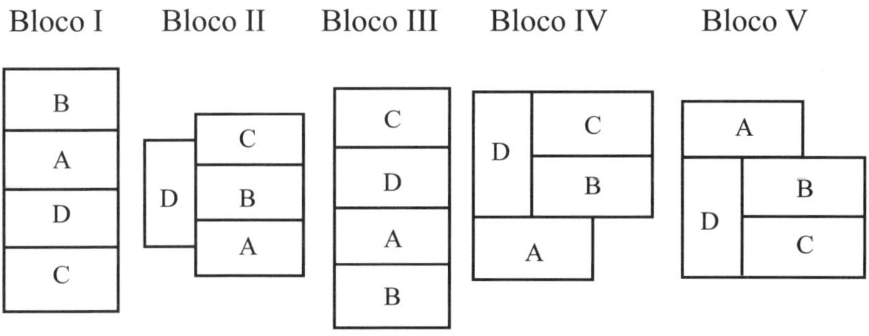

Figura 2.5. Blocagem no campo

Blocos são, portanto, subgrupos de parcelas similares em relação a um aspecto que precisa ser controlado para não afetar o resultado do experimento. Se você estiver planejando um experimentto com animais e tiver parcelas heterogêneas, lembre-se de que a blocagem elimina uma causa conhecida de variação. Se houver diferenças quanto à idade, por exemplo, organize blocos, cada bloco com uma faixa de idade. Veja a Figura 2.6: deve haver diferenças *entre blocos*, mas as parcelas *dentro de blocos* devem ser tão similares quanto possível e serem manejadas em condições similares.

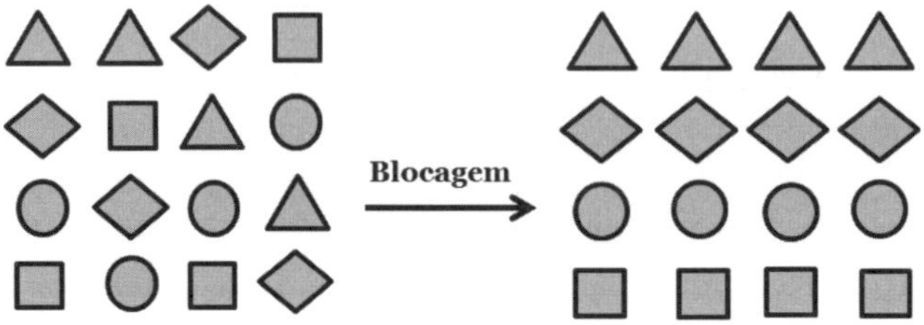

Figura 2.6. Blocagem de parcelas heterogêneas

Os tratamentos são designados às parcelas ao acaso, *dentro* de cada bloco. E é importante notar: a distribuição aleatória dos tratamentos é feita separadamente, para cada bloco. A casualização não é, portanto, completa, porque existe *uma restrição*: os tratamentos só são designados ao acaso às unidades "dentro" dos blocos. Logo, só devem ser conduzidos experimentos com esse tipo de delineamento quando for preciso eliminar uma causa de variação.

Sempre que existir uma possível causa de variação, é preciso garantir que essa variação ocorra *entre blocos* e *não dentro de blocos*. Na agricultura, onde o uso de delineamento em blocos é frequente, para formar blocos devem ser considerados:

- Heterogeneidade na fertilidade do solo.
- Variabilidade genética de sementes.
- Variações na correção do solo, na irrigação, na adubação.

Na coleta dos dados, é preciso considerar:

- Se a coleta de dados não pode ser feita em um único dia, a tarefa deve ser completada para um mesmo bloco no mesmo dia.
- Se mais de um técnico deve fazer as medições, todas as parcelas do mesmo bloco devem ser medidas pelo mesmo técnico.
- Se as práticas agrícolas não puderem ser feitas em um mesmo dia, é preciso fazer um bloco por dia.

Desta forma, a variação entre datas de coleta, medições ou práticas agrícolas feitas por diferentes técnicos constituirá parte da variação entre blocos.

Na experimentação com animais, são causas de variação que precisam ser controladas:

- Idade, sexo, peso, genética.
- Estado de saúde dos animais.
- Condições das baias, dos estábulos, dos alojamentos.
- Sistema de medição.

2.2.1. Delineamento em blocos completos

Nos delineamentos em blocos completos, todos os tratamentos aparecem o mesmo número de vezes, em todos os blocos. Cada tratamento pode aparecer uma e uma só vez em cada bloco, mas também pode haver igual número de repetições de tratamentos dentro de cada bloco.

O delineamento em blocos completos sem repetições de tratamentos dentro do mesmo bloco é muito comum na agricultura. Muitas vezes, os blocos são retangulares, construídos lado a lado. Mas os blocos podem estar distribuídos em toda uma área, em formas diferentes de retângulos, como mostrado na Figura 2.5.

▶ Exemplo de delineamento em blocos completos sem repetições

Para estudar o efeito de quatro diferentes promotores de crescimento (T_1, T_2, T_3, T_4) sobre o desempenho zootécnico de suínos, pesquisadores[6] dispunham de 48 suínos machos castrados. Como o peso inicial é fator importante sobre o desempenho zootécnico desses animais, os pesquisadores tomaram dois suínos de pesos praticamente iguais e os colocaram em uma mesma baia, para constituir uma unidade experimental. Depois, unidades experimentais de pesos próximos foram organizadas em seis blocos, cada um com quatro unidades. Os tratamentos foram designados ao acaso dentro de cada bloco. Todos os tratamentos apareceram uma única vez em cada bloco. É importante notar que, com a constituição de blocos, a comparação de tratamentos ficou equilibrada. Os quatro tratamentos foram designados para animais maiores e menores, na mesma proporção. O delineamento desse experimento poderia ter sido, por exemplo, o que está exposto na Figura 2.7.

[6] Com base em: GAVIOLI, D. F.; OLIVEIRA, E. R.; SILVA, A. A.; ROMERO, N. C.; LOZANO, A. P.; SILVA, R. A. M.; BRIDI, A. M.; OBA, A.; SILVA, C. A. *Efeito de promotores de crescimento para suínos sobre o desempenho zootécnico, a qualidade intestinal e a eficiência da biodigestão dos dejetos.* Semina: *Ciências Agrárias*, Londrina, v. 34, n. 6, suplemento 2, p. 3983-3998, 2013

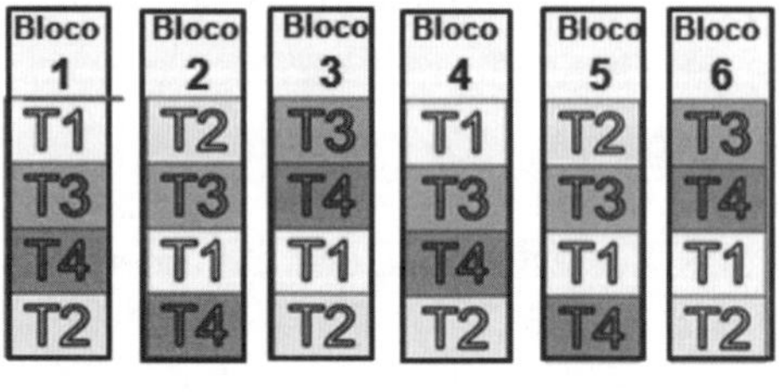

Figura 2.7. Delineamento de experimento em blocos

A análise estatística deste tipo de experimento é dada no Capítulo 6.

2.2.1.1. Delineamento em blocos completos com repetições

Experimento em blocos com repetições é aquele em que os tratamentos são designados mais de vez para o mesmo bloco. Se todos os tratamentos aparecerem *igual* número de vezes em todos os blocos, o delineamento é em *blocos completos.*

Nas pesquisas em que se busca aumentar a produção agrícola, pode acontecer de o pesquisador dispor de uma área onde é razoável organizar poucos blocos. Se o número de tratamentos for pequeno e os blocos acomodarem muitas parcelas, o certo é conduzir um experimento em blocos ao acaso com repetições.

Em laboratórios, e em outras áreas além da agricultura, como nutrição e veterinária, por exemplo, também são conduzidos experimentos em blocos com repetições.

▶ Exemplo de delineamento em blocos com repetições

Para estudar o efeito da adubação com cloreto de potássio nas características físicas de frutos da mangueira, foi conduzido um experimento[7]. Os pesquisadores dispunham de três localidades. Em cada uma podiam alocar até 50 parcelas. Cada localidade foi tomada como um bloco. Havia, portanto, dois tratamentos (adubação potássica e testemunha) e três blocos com 50 parcelas cada um. Em cada bloco foram locadas 25 parcelas tratadas e 25 testemunhas. Este é um *experimento em blocos com repetições*. O delineamento no campo poderia ter sido como o que está na Figura 2.8.

[7] Com base em: CARNEIRO, M. A.; SOUSA, K. S. M.; CAVALCANTE, Í. H. L.; LIMA, A. M.N.; ALENCAR, F. C. & COSTA, E. R. Influência da fertirrigação com cloreto de potássio na qualidade da manga cv. Palmer no Vale do Submédio do São Francisco. XXXV *Congresso Brasileiro de Ciência do Solo*. Disponível em:https://www.sbcs.org.br/cbcs2015/arearestrita/arquivos/1590.pdf Acesso em 28 de julho de 2018.

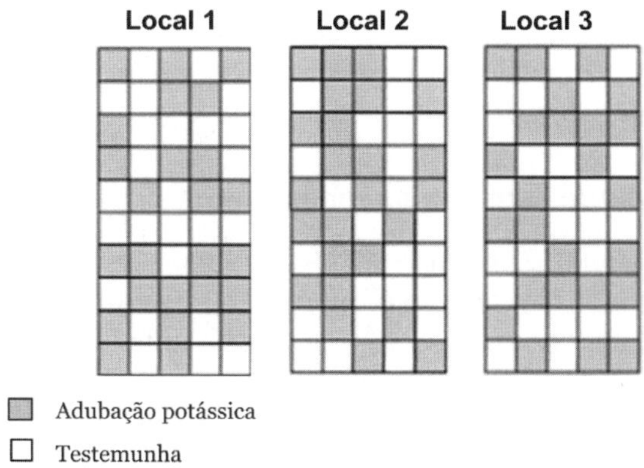

Figura 2.8. Delineamento de experimento em blocos ao acaso com repetições

▶ Exemplo de delineamento de blocos com repetição em nutrição

Para um ensaio de validação da qualidade final de três tipos de café pela prova de xícara, foram escolhidos seis degustadores. As 36 unidades para degustação foram distribuídas nas mesas, de tal forma que cada degustador provasse aleatoriamente duas unidades de cada tipo de café. Este é um experimento em blocos ao acaso com repetições. São três tratamentos (cada tipo de café é um tratamento), seis blocos (os degustadores) e duas repetições por bloco. Veja a Figura 2.9.

Degustador 1	B	A	C	A	C	B
Degustador 2	A	B	C	B	C	A
Degustador 3	C	B	A	B	C	A
Degustador 4	A	C	B	C	A	B
Degustador 5	C	B	A	B	C	A
Degustador 6	B	A	C	B	A	C

Figura 2.9. Delineamento de experimento em blocos com repetição em nutrição

A análise estatística dos experimentos em blocos com repetições é relativamente fácil, desde que todos os tratamentos sejam repetidos igual número vezes em todos os blocos A maneira de analisar este tipo de experimento é dada no Capítulo 7 deste livro.

2.2.2. Delineamentos em blocos incompletos

Quando o material para experimentação precisa ser dividido em blocos que se apresentam "naturalmente" porque correspondem, por exemplo, a diferentes ninhadas de suínos, empresas diferentes, laboratórios diferentes etc., essa divisão "natural" pode determinar a formação de blocos de tamanho insuficiente para acomodar todos os tratamentos. Nesses casos, é preciso um delineamento bem mais complexo, de *blocos incompletos*, nos quais cada bloco acomoda apenas uma seleção de tratamentos.

Também pode acontecer de haver muitos tratamentos em comparação. Imagine que você quer comparar 50 variedades de feijoeiros. Para fazer o delineamento em blocos completos, vai precisar de pelo menos duas áreas suficientemente grandes para nelas instalar blocos que comportem 50 parcelas. Deve haver pouca variabilidade dentro de blocos, mas grande variabilidade entre blocos. É pouco provável que você encontre essas condições para fazer seu experimento. Por essa razão, ensaios de competição de variedade usam, em geral, delineamento de blocos incompletos, em que cada bloco não inclui todos os tratamentos.

Projetos de blocos incompletos não serão tratados neste livro. Eles são analisados de forma diferente dos projetos de blocos completos. Mas há boa literatura em português sobre a seleção de planos adequados para *blocos incompletos*. O razoável é procurar um livro que trate a questão[8] e, antes de delinear o experimento, consultar um especialista.

2.3. Delineamento em Quadrados Latinos

Pode acontecer de o pesquisador dispor, para seu experimento, de uma área com gradiente de fertilidade em duas direções. Outro pesquisador pode dispor, para seu experimento, de animais que variam em idade e em peso inicial. A solução, para eles, é o delineamento em *quadrado latino* (*latin square design*).

[8] Procure, especialmente:MISCHAN, M.M.; PINHO, S.Z. **Experimentação agronômica: dados não balanceados**. Botucatu: FUNDBIO. 1996.

Esse tipo de delineamento exige a construção de blocos completos em duas direções: em "linhas" e em "colunas" ou, como dizem alguns, exige "dupla blocagem" (*double blocking*). Os tratamentos são designados aleatoriamente para cada parcela, mas um tratamento só aparece uma vez em cada "coluna" e uma vez em cada "linha". O sorteio dos tratamentos tem, portanto, duas restrições: "dentro" de linhas e "dentro" de colunas. Linhas, colunas e tratamentos ocorrem igual número vezes. Então o *número de parcelas é igual ao quadrado do número de tratamentos.* Daí o nome quadrado, e latino, porque os tratamentos são neles indicados por letras do alfabeto latino.

Os delineamentos em quadrado latino são usados na experimentação agrícola, em experimentos com animais e em experimentos na indústria. Nos experimentos com animais, principalmente no caso de animais de grande porte e alto custo como bovinos e equinos, é aconselhável um *período pré experimental* no qual todos os animais que entrarão no experimento são manejados igualmente. Só depois desse período é que se começa o experimento. É fundamental eliminar todo efeito de tratamento anterior ao experimento, que possa persistir e afetar os tratamentos experimentais.

▶ Exemplo de delineamento em quadrado latino na agricultura

Imagine que você quer comparar quatro variedades de cana de açúcar, designadas como A, B, C e D, aplicando quatro fórmulas diferentes de fertilizantes em um solo com quatro níveis de umidade. Pode ser usado o delineamento representado na Figura 2.10.

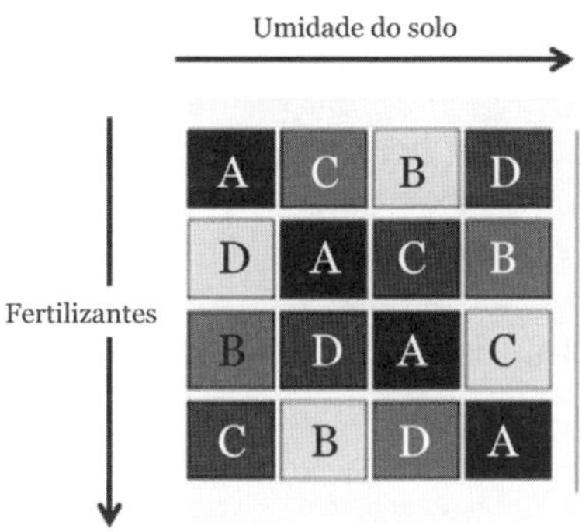

Figura 2.10. Delineamento de um experimento em quadrado latino

▶ Exemplo de delineamento em quadrado latino na zootecnia

Imagine que você quer comparar quatro fórmulas de ração para vacas leiteiras, mas dispõe de vacas com idades e pesos diferentes. Mesmo nas fazendas experimentais, a quantidade de animais disponíveis para um experimento é pequena e, em geral, esses animais são heterogêneos. Mas você pode fazer o delineamento em quadrado latino. Primeiro, alinhe (no seu tablet) as vacas por idade. Depois, em cada grupo de quatro animais de idades próximas, arranje colunas com quatro animais de pesos próximos. Sorteie as fórmulas de ração, obedecendo à exigência de cada fórmula aparecer uma única vez em cada linha e em cada coluna. Você poderia ter o delineamento mostrado na Figura 2.10.

Não é fácil construir quadrados latinos. A exigência de ter um e um só tratamento por linha e por coluna restringe o sorteio. Mas matemáticos[9] já estabeleceram diferentes organizaçoes de delineamentos em quadrados latinos. Por exemplo, para delineamentos de ordem 4, você pode obter 144 quadrados. Só um exemplo em que a primeira linha é a mesma:

```
0 1 2 3     0 1 2 3     0 1 2 3     0 1 2 3
1 2 3 0     1 3 0 2     1 0 3 2     1 0 3 2
2 3 0 1     2 0 3 1     2 3 0 1     2 3 0 1
3 0 1 2     3 2 1 0     3 2 0 1     3 2 1 0
```

▶ Exemplo de experimento em quadrado latino na indústria

Em uma pesquisa operacional, o pesquisador quer saber se o número de itens produzidos por dia varia com o operador da máquina. Como já sabe que a quantidade produzida depende do dia da semana e da máquina, o pesquisador planeja um experimento em quadrado latino para comparar a produção de cinco operadores (A, B, C, D, E) em cinco máquinas (1, 2, 3, 4, 5), em cinco dias da semana (2ª, 3ª, 4ª, 5ª, 6ª), conforme mostra o delineamento da Figura 2.11.

[9] BOSE C. R.; MARVEL B. **Introduction to Combinatorial Theory**. 135-149. New York: Wiley. (1984).

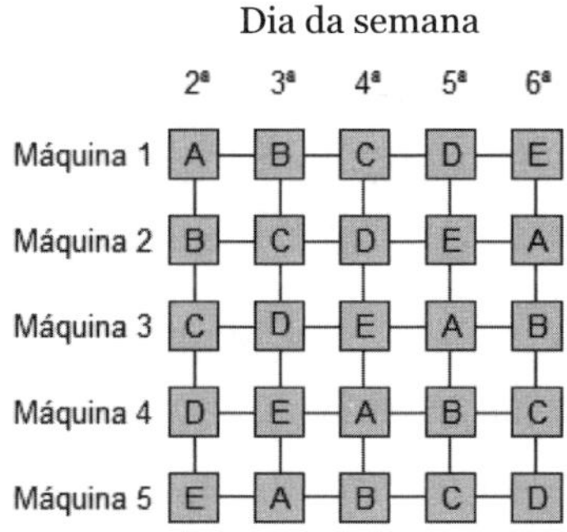

Figura 2.11. Cinco operadores em cinco máquinas em cinco dias da semana

Os delineamentos em quadrado latino *não* são comuns na prática devido às restrições. Linhas, colunas e tratamentos são, necessariamente, iguais em número. De qualquer forma, o pesquisador pode, por exemplo, fazer dois quadrados latinos iguais, no mesmo experimento, como mostra a Figura 2.12.

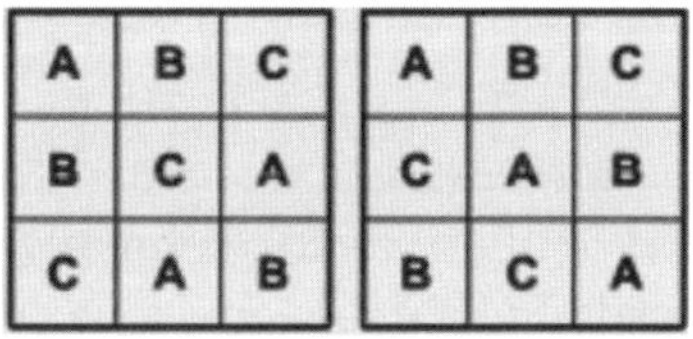

Figura 2.12. Dois quadrados latinos no mesmo experimento

2.4. Algumas Considerações

Além desses delineamentos básicos, existem outros como os experimentos hierárquicos ou aninhados (*hierarchical models* ou nested designs) e os experimentos em parcelas subdivididas (*split-plot experiments*), descritos neste livro no Capítulo 10. Mas antes de estudar o planejamento de experimentos mais complicados, convém estudar o procedimento para a análise dos experimentos mais simples que são, de longe, os mais usados.

Como regra geral, é melhor que o número de repetições por tratamento seja o mesmo. Este livro apresenta a análise de experimentos com número diferente de repetições por tratamento apenas quando o delineamento é inteiramente ao acaso.

2.5. Resumo

Delineamento experimental (*experimental design*): estabelece como as parcelas devem ser organizadas para receber os diferentes tratamentos que lhes são designados de maneira aleatória.

Delineamento completamente ao acaso (*completely randomized design*) é aquele em que os tratamentos são designados às parcelas completamente ao acaso, mas é preciso que as parcelas sejam similares.

Delineamento em blocos (*block design*) é aquele em que o pesquisador divide as parcelas em subgrupos chamados blocos de tal maneira que a variabilidade dentro de blocos seja menor que entre blocos. Depois, designa os tratamentos ao acaso dentro de cada bloco.

Delineamento em blocos com repetições é aquele em que o mesmo tratamento é designado ao acaso para mais de uma parcela, dentro do mesmo bloco. Se todos os tratamentos aparecem igual número de vezes em todos os blocos, dizemos que os blocos são *completos.*

Delineamento em blocos incompletos é aquele em que cada bloco acomoda apenas uma seleção de tratamentos. Portanto, diferentes blocos acomodam tratamentos diferentes.

Delineamento em quadrado latino exige a construção de blocos completos em duas direções: em "linhas" e em "colunas". Os tratamentos aparecem uma única vez em cada linha e uma única vez em cada coluna.

2.6. Exercícios

1. Delineie um experimento[10] para comparar três fórmulas de adubação em cinco tipos de solo, no crescimento de Pinus. Cada tratamento terá 15 repetições e cada parcela será um vaso de 7 litros. Será medida a altura da planta, nove meses após o início do experimento.

2. Delineie um experimento para estudar o efeito de quatro modos de aplicação de zinco no crescimento inicial do milho em altura, medido 55 dias após o cultivo em vasos[11]. Os tratamentos são: 1)zinco incorporado ao solo; 2) zinco aplicado

[10] Com base em BELLÉ, P.A. E. SCHNEIDER, P.R. Distribuição do crescimento radial intra anual de Pinus elliottii sob diferentes fertilidades em solo arenoso. http://dx.doi.org/10.12702/VIII.SimposFloresta.2014.18-502-2.

[11] Romualdo, LM. Modos de aplicação de zinco no crescimento inicial de plantas de milho e de sorgo em casa de vegetação. [Tese de mestrado] Jaboticabal: Faculdade de Ciências Agrárias e Veterinárias-UNESP. 2008.

ao lado do sulco de plantio; 3) zinco em adubação foliar; 4) zinco aplicado nas sementes; 5) testemunha. Faça cinco repetições.

3. Explique como você faria para designar cinco tratamentos (A, B, C, D e E) para 25 parcelas para as quais você deve controlar dois gradientes perpendiculares de fertilidade.

4. Um pesquisador quer estudar o efeito de vitaminas do complexo A, do complexo B e de vitamina D no ganho de peso de suínos, comparando os resultados obtidos com os de um grupo controle[12]. O pesquisador quer utilizar dois animais por baia e tem, para seu experimento, animais de quatro faixas etárias. Como você delinearia o experimento?

5. Você quer conduzir um experimento em casa de vegetação para avaliar a taxa média de crescimento absoluto de tomateiro cereja com diferentes biofertilizantes. Serão comparados quatro biofertilizantes, que chamaremos de A, B, C e D, em 16 parcelas. Sorteie os tratamentos.

[12] Com base em GAVIOLI, D. F.; OLIVEIRA, E. R.; SILVA, A. A.; ROMERO, N. C.; LOZANO, A. P.; SILVA, R. A. M.; BRIDI, A. M.; OBA, A.; SILVA, C. A.Efeito de promotores de crescimento para suínos sobre o desempenho zootécnico, a qualidade intestinal e a eficiência da biodigestão dos dejetos.

CAPÍTULO

3

Delineamento Completamente ao Acaso

O delineamento completamente ao acaso exige unidades experimentais similares e condições uniformes no ambiente em que o experimento será conduzido. Só assim fatores que podem afetar a variável em estudo (os fatores de confusão) estarão, em média, igualmente distribuídos por todo o experimento. As diferenças entre as unidades experimentais poderão ser, então, atribuídas à variável independente com razoável segurança.

▸ Exemplo de delineamento completamente ao acaso

Imagine um experimento em casa de vegetação para avaliar o efeito de diferentes fontes de nitrogênio (tratamentos) sobre o crescimento em altura de orquídeas (resposta). Você pode optar por um delineamento completamente ao acaso se tiver mudas da mesma espécie, com a mesma origem, mesma idade e altura similares[1]. Ainda, na casa de vegetação, fatores como água de irrigação, temperatura do ar, luminosidade, tamanho e posicionamento dos vasos devem ser similares[2]. Veja bem: se faltar uma dessas condições (p.ex., os vasos tiverem tamanhos diferentes), os resultados do experimento ficam comprometidos por causa da variável de confusão (no exemplo, o tamanho dos vasos).

---

[1] SCHNITZER, J A. *Adubação nitrogenada de mudas de orquídea*. Tese. Centro de Ciências Agrárias. Universidade Estadual de Londrina. 2013.

[2] BELTRÃO, N.E.M.; FIDELIS FILHO, J; FIGUEIREDO, I.C.M. Uso adequado de casa-de-vegetação e de telados na experimentação agrícola. Comunicado Técnico. *Rev. bras. eng. agric. ambiente*. 6 (3). Dez 2002.

3.1. Análise dos Dados

A Tabela 3.1 apresenta os dados de um experimento com delineamento completamente ao acaso conduzido para comparar quatro tratamentos (A, B, C, D), cada um com cinco repetições. Para saber se as diferenças entre as médias de tratamentos são suficientemente grandes para serem tomadas como evidência de que há diferença significante entre eles, vamos fazer uma *análise de variância.*

Tabela 3.1. Dados de um experimento (fictício)

Tratamento			
A	B	C	D
25	31	22	33
26	25	26	29
20	28	28	31
23	27	25	34
21	24	29	28

3.1.1. Análise de variância

Análise de variância é uma técnica estatística que permite dizer se existem *diferenças significantes* entre médias de tratamentos.

Significância é um termo ancorado na Teoria de Probabilidades. Então, quando você diz que existem *diferenças significantes* entre médias de tratamentos, está generalizando seus achados. Está dizendo que é *altamente provável* que as diferenças que você encontrou em seu experimento também aconteçam na prática.

Na análise de variância, *nível de significância* é o risco de concluir que existe diferença entre as médias de tratamentos quando essa diferença não existe. Então, o pesquisador deve estabelecer o nível de significância antes de conduzir o experimento. O usual é estabelecer o nível de significância em 0,05, ou 5%, embora também sejam usados os níveis de 0,01 ou 1% e 0,10 ou 10%.

Para fazer a análise de variância dos dados apresentados na Tabela 3.1, vamos estabelecer o nível de significância em 5%. Com um software de estatística você obtém os resultados que estão na Tabela 3.2.

Tabela 3.2. Análise de variância dos dados da Tabela 3.1

Causa de variação	GL	SQ	QM	*F*	*p*-valor
Entre tratamentos	3	163,75	54,58	7,80	0,002
Resíduo	16	112,00	7,00		
Total	19	275,75			

Quando você recebe o resultado da análise, leia o *p*-valor. Toda vez que o *p*-valor for igual ou menor que o nível de significância estabelecido, você pode concluir que as médias não são todas iguais, nesse nível de significância. Então:

> Com base no resultado da análise de variância apresentada na Tabela 3.2, pode-se afirmar que pelo menos um tratamento tem média diferente dos demais (*p-valor* = 0,002).

Cabe lembrar aqui que uma análise de variância é referida, algumas vezes, como ANOVA. Isto porque, em inglês, análise de variância é *analysis of variance*. Então, em inglês, usa-se a sigla ANOVA (an de *analysis*, o de *of* e va de *variance*) para significar análise de variância. A saída (*output*) para uma análise de variância é uma tabela típica (como a 3.2). Então em português também se usa, para tabela de análise de variância, a expressão tabela de ANOVA, para traduzir *ANOVA table.*

3.1.1.1. Lógica da análise de variância

Na análise de variância de um experimento com delineamento completamente ao acaso, *a variação entre tratamentos* é comparada com a *variação dentro de tratamentos* (devida ao acaso). Veja a Figura 3.1, feita com os dados da Tabela 3.1:

- Comparando as colunas, que se referem às médias de tratamentos, você vê a variação *entre* tratamentos (*between*).
- Em cada coluna, você vê a variação *dentro* de tratamentos (*within*).

A variação *entre* tratamentos é medida pela soma de quadrados de tratamentos da análise de variância. A variação *dentro* de tratamentos é medida pela soma de quadrados do resíduo da análise de variância.

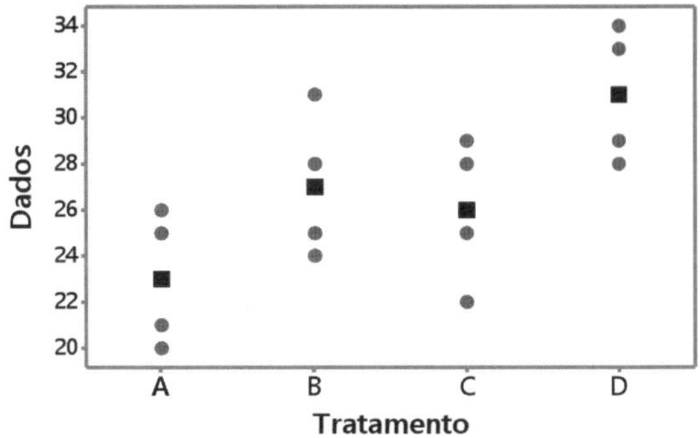

Figura 3.1. Distribuição dos dados da Tabela 3.1 e suas médias

3.1.2. Outras estatísticas

Os softwares de estatística em geral fornecem, além da análise de variância, diversas outras estatísticas e vários gráficos. Vamos relatar aqui apenas as estatísticas mais comumente apresentadas em trabalhos acadêmicos.

3.1.2.1. Médias e desvios padrões

A Tabela 3.3 apresenta estatísticas dos dados da Tabela 3.1.

Tabela 3.3. Número de repetições, médias e desvios padrões por tratamento, dos dados da Tabela 3.1

Estatística	Tratamento			
	A	B	C	D
Nº de repetições	5	5	5	5
Média	23	27	26	31
Desvio padrão	2,55	2,74	2,74	2,55

3.1.2.2. Coeficiente de variação

Você sabe que desvio padrão mede dispersão. Como dispersão é o inverso de precisão, quanto menor for o desvio padrão, mais precisos, ou menos dispersos, são os dados.

O coeficiente de variação é uma medida da *precisão relativa dos dados* porque coloca o valor do desvio padrão em termos da média. *Não* é, portanto, uma medida da *precisão do experimento*.

Coeficiente de variação (*coefficient of variation*), que se indica por CV, é a razão, expressa em porcentagem, entre o desvio padrão e a média dos dados, isto é:

$$CV = \frac{s}{\bar{y}} \times 100$$

▶ Exemplo de dispersão relativa

Veja os conjuntos de dados apresentados na Tabela 3.4: os dados dos conjuntos A e B têm a mesma precisão (s = 1,29), mas os dados do conjunto B têm maior precisão relativa que os dados do conjunto A. Isto se explica pelo fato de o conjunto B ter média maior.

Tabela 3.4. Dados e estatísticas

Estatística	Conjunto de dados	
	A	B
	1	11
	2	12
	3	13
	4	14
Média	2,5	12,5
Desvio padrão	1,29	1,29
Coeficiente de variação	51,64%	10,33%

Em uma análise de variância, o *coeficiente de variação* é dado pela razão entre a raiz quadrada do quadrado médio do resíduo e a média geral, isto é, a média de todos os dados. A razão é expressa em porcentagem.

$$CV = \frac{\sqrt{QMR}}{\bar{\bar{y}}} \times 100$$

Veja a Tabela 3.3. As estatísticas apresentadas permitem calcular a média geral dos dados e a média das variâncias. Assim:

$$\bar{\bar{y}} = \frac{23 + 27 + 26 + 31}{4} = 26,75$$

$$s^2 = \frac{6{,}5 + 7{,}5 + 7{,}5 + 6{,}5}{4} = 7{,}00$$

A média das variâncias – neste exemplo em que todos os tratamentos têm o mesmo número de repetições – é igual ao quadrado médio do resíduo da análise de variância. Esta observação ajuda a compreender o coeficiente de variação.

Reveja os dados apresentados na Tabela 3.1. O quadrado médio do resíduo da análise de variância apresentada na Tabela 3.2 é 7,00 e a média geral é 26,75. Então, o coeficiente de variação desse experimento é:

$$CV = \frac{\sqrt{7{,}00}}{26{,}75} \times 100 = 9{,}89\%$$

O valor de um coeficiente de variação só pode ser julgado em comparação com coeficientes de variação de experimentos similares, feitos nas mesmas condições. Nessas circunstâncias, se o CV de seu experimento for maior do que padrão comum, convém buscar explicações.

Experimentos conduzidos em laboratório e casas de vegetação têm coeficientes de variação menores que experimentos de campo, uma vez que os dados são mais precisos, porque a condições ambientais são mais controladas.

3.1.2.3. Coeficiente de determinação

Coeficiente de determinação (*coefficient of determination*), que se indica por R^2, é a proporção da variação total (soma de quadrados total) explicada pela variação de tratamentos (soma de quadrados de tratamentos), isto é:

$$R^2 = \frac{SQTR}{SQT}$$

O valor de R^2 varia entre 0 e 1. Pode, portanto, ser interpretado como porcentagem. Você escreve:

$$R^2 = \frac{SQTR}{SQT} \times 100$$

Veja a análise de variância apresentada na Tabela 3.2, feita com os dados da Tabela 3.1: a soma de quadrados total, que mede a variação total, é SQT = 275,7 e a variação explicada pelos tratamentos é $SQTR$ = 163,7. Então R^2 é:

$$R^2 = \frac{SQTR}{SQT} \times 100 = \frac{163{,}7}{275{,}7} \times 100 = 59{,}38\%$$

O valor $R^2 = 59{,}38\%$ mostra que praticamente 60% da variação dos dados é explicada pela variação entre tratamentos.

*3.2. Fórmulas de Cálculos

É importante deixar claro aqui que uma análise de variância só pode ser feita se estiverem *satisfeitas as pressuposições* discutidas no Capítulo 4 deste livro.

De qualquer forma, proceder a uma análise de variância (ANOVA) não é difícil, principalmente quando se usa um software de estatística. Mas se você não dispuser dessa ferramenta? Precisa fazer os cálculos e buscar o valor de F em uma tabela.

Em todo este livro, o número de tratamentos será indicado por t, o número de repetições por r e o número total de parcelas por n. Veja a Tabela 3.5.

Tabela 3.5. Delineamento completamente ao acaso

	Tratamento			
Repetição	1	2	...	t
1				
2				
r				
Total	T_1	T_2		T_t

Para fazer a análise de variância de um experimento com delineamento completamente ao acaso com t tratamentos e r repetições, $n = t \times r$ unidades experimentais, é preciso calcular as seguintes quantidades:

a) Graus de liberdade:
do total: $(n - 1)$
de tratamentos: $(t - 1)$
do resíduo: $(n - 1) - (t - 1) = n - t$

b) Valor de C, dado pelo total geral elevado ao quadrado, dividido pelo número de observações. O valor C é conhecido como correção:

$$C = \frac{(\Sigma_i^t \Sigma_j^r y_{ij})^2}{n}$$

c) Soma de quadrados total

$$SQT = \sum_{i}^{t} \sum_{j}^{r} y_{ij}^2 - C$$

d) Soma de quadrados de tratamentos

$$SQTR = \sum_{i}^{t} \frac{1}{r} \left(\sum_{j}^{r} y_{ij} \right)^2 - C$$

e) Soma de quadrados de resíduo

$$SQR = SQT - SQTR$$

f) Quadrado médio de tratamentos

$$QMTR = \frac{SQTR}{t-1}$$

g) Quadrado médio de resíduo

$$QMR = \frac{SQR}{n-t}$$

h) Valor de F

$$F = \frac{QMTR}{QMR}$$

As quantidades calculadas são apresentadas em uma tabela de análise de variância (*ANOVA table*) como a Tabela 3.6.

Tabela 3.6. Análise de variância de um experimento completamente ao acaso

Causa de variação	GL	SQ	QM	*F*
Tratamentos	$(t-1)$	*SQTR*	*QMTR*	*F*
Resíduo	$(n-t)$	*SQR*	*QMR*	
Total	$(n-1)$	*SQT*		

Terminada a análise, é preciso comparar o *valor calculado de F* com o *valor crítico de F* dado em tabelas de *F*, no nível de significância estabelecido. Toda vez que o valor calculado de *F* for *igual ou maior* que o valor crítico, você conclui que existe pelo menos um tratamento que, em média, dá resultado diferente dos demais, no nível estabelecido de significância.

Vamos mostrar aqui como se usa a Tabela de *F*, que pode ser encontrada na internet[3] e em livros de estatística. A Tabela 3.7 reproduz parte de uma tabela de valores críticos de *F*, no nível de 0,05 de significância. Cada valor de *F* se refere a um numerador e a um denominador.

Veja um exemplo. A Tabela 3.2 mostra o valor calculado $F = 7,80$, obtido dividindo o numerador $QMTR = 54,58$ (associado a 3 graus de liberdade) pelo denominador $QMR = 7,00$ (associado a 16 graus de liberdade). Então, procure na Tabela 3.7 o *valor crítico de F* associado a 3 graus de liberdade no numerador e 16 graus de liberdade no denominador. Você acha $F = 3,24$ (em negrito).

Como o valor *calculado* na análise de variância é $F = 7,80$, maior que o *valor crítico* $F = 3,24$ no nível de significância de 5%, existe pelo menos um tratamento com média diferente das médias dos demais, nesse nível de significância.

Tabela 3.7. Valores críticos de *F* para o nível de significância de 5% segundo os graus de liberdade do numerador e do denominador

Graus de liberdade do denominador	Graus de liberdade do numerador			
	1	2	3	4
.	.	.	.	.
15	4,54	3,68	3,29	3,06
16	4,49	3,63	**3,24**	3,01
17	4,45	3,59	3,20	2,96
18	4,41	3,55	3,16	2,93
19	4,38	3,52	3,13	2,90
.	.	.	.	.

[3] Valores críticos de F para o nível de significância de 5%. 2021. Disponível em htpp://tabelasanova.blogspot.com/F

3.2.1. Exemplo numérico

Vamos proceder à análise de variância dos dados apresentados na Tabela 3.1. Para acompanhar as fórmulas de cálculo, observe a Tabela 3.8, que traz cálculos intermediários. *Total de tratamento* é a soma das *r* repetições desse tratamento. O experimento tem 20 unidades experimentais ou parcelas.

Tabela 3.8. Cálculos intermediários

	Tratamento			
	A	B	C	D
	25	31	22	33
	26	25	26	29
	20	28	28	31
	23	27	25	34
	21	24	29	28
Total	115	135	130	155

Para fazer a análise de variância, é preciso calcular:

a) Graus de liberdade
de tratamentos: $t - 1 = 4 - 1 = 3$
do total: $n - 1 = 20 - 1 = 19$
do resíduo: $n - t = 19 - 3 = 16$

b) Correção

$$C = \frac{(25 + 26 + \cdots + 28)^2}{20} - \frac{(535)^2}{20} = 14.311,25$$

c) Soma de quadrados total (*SQT*)

$$SQT = (25^2 + 26^2 + \cdots + 28^2) - 14.311,25 = 275,75$$

d) Soma de quadrados de tratamentos (*SQTR*)

$$SQTR = \frac{(115)^2 + (135)^2 + (130)^2 + (155)^2}{5} - 14.311,25 = 163,75$$

e) Soma de quadrados de resíduo (*SQR*)

$$SQR = SQT - SQTR = 275,75 - 163,75 = 112,00$$

f) Quadrado médio de tratamentos (*QMTR*)

$$QMTR = \frac{SQTR}{t-1} = \frac{163{,}75}{3} = 54{,}58$$

g) Quadrado médio de resíduo (*QMR*)

$$QMR = \frac{SQR}{n-t} = \frac{112{,}00}{16} = 7{,}00$$

h) Valor de *F*

$$F = \frac{QMTR}{QMR} = \frac{54{,}58}{7{,}00} = 7{,}80$$

Cabe fornecer aqui os termos em inglês usados em uma análise de variância, uma vez que alguns softwares de estatística (*statistical software packages*) são encontrados em inglês. Assim, graus de liberdade se traduz por *degrees of freedom* (*df*), soma de quadrados por *sum of squares* (*SS*), quadrado médio por *mean square* (*MS*) e *p*-valor por *p-value*. O resíduo da análise de variância é referido como *error* ou *residuals*.

3.3. Software de Estatística

Muitas pessoas vão dizer para você que análises estatísticas são feitas em computador e não se deve perder tempo fazendo contas. De qualquer forma, foram apresentadas aqui fórmulas de cálculo e um exemplo simples com dados fictícios, para que você pudesse "sentir" o que é fazer uma análise de variância. A experiência mostra que, para discutir uma pesquisa, é essencial entender a *lógica* da análise estatística. E uma experiência com os cálculos ajuda a entender essa lógica.

▶ Exemplo com dados reais

Para verificar se os diferentes técnicos do mesmo laboratório determinam a mesma quantidade de fósforo em um produto, foi feito um experimento: vinte amostras de uma mesma fonte são preparadas e distribuídas aleatoriamente pelos quatro técnicos do laboratório. Os resultados estão na Tabela 3.8 e a análise de variância na Tabela 3.9.

Tabela 3.8. Quantidade de fósforo, em miligramas de fósforo por grama do produto, medida por quatro técnicos

Técnico			
1	2	3	4
34	37	34	36
36	36	37	34
34	35	35	37
35	37	37	34
34	37	36	35

Fonte: ZAR, J. H. **Biostatistical analysis.** 4 ed. Upper Saddle River: Prentice Hall. 1999. P.186.

Veja a saída (*output*) do programa MINITAB, que é muito simples, mas em uso por empresas. Você também encontra, na internet, calculadoras para ANOVA[4].

Tabela 3.9.

ANOVA com um fator: Quantidade de fósforo versus Técnicos

Método

Hipótese nula	Todas as médias são iguais
Hipótese alternativa	Nem todas as médias são iguais
Nível de significância	$\alpha = 0{,}05$

Assumiu-se igualdade de variâncias para a análise

Informações dos Fatores

Fator	Níveis	Valores
Técnicos	4	1; 2; 3; 4

Análise de Variância

Fonte	GL	SQ (Aj.)	QM (Aj.)	Valor F	Valor-P
Técnicos	3	9	3	2,4	0,106
Erro	16	20	1,25		
Total	19	29			

Sumário do Modelo

S	R2	R2(aj)	R2(pred)
1,11803	31,03%	18,10%	0,00%

Médias

Técnicos	N	Média	DesvPad	IC de 95%
1	5	34,6	0,894	(33,540; 35,660)
2	5	36,4	0,894	(35,340; 37,460)
3	5	35,8	1,304	(34,740; 36,860)
4	5	35,2	1,304	(34,140; 36,260)

DesvPad Combinado = 1,11803

[4] Experimente, por exemplo, *ANOVA Calculator: One-way Analysis of Variance Calculator.* Disponível em https://goodcalculators.com/one-way-anova-calculator/. Acesso em 22 de abril de 2019.

3.4. Resumo

Experimentos com delineamento completamente ao acaso são fáceis de desenhar e fáceis de analisar. Podem ter qualquer número de tratamentos e qualquer número de repetições. O número de repetições por tratamento. pode variar.

Experimentos com delineamento completamente ao acaso têm a desvantagem de só poderem ser conduzidos com parcelas similares, em condições de ambiente uniformes.

Análise de variância é uma técnica estatística que permite dizer se existem diferenças significantes entre médias de tratamentos. Nesse procedimento, calculam-se variâncias, mas são *as médias que estão em comparação.*

Os resultados de uma análise de variância são apresentados em uma tabela típica, em inglês *ANOVA TABLE.*

Coeficiente de variação, que se indica por *CV*, é a razão entre o desvio padrão e a média dos dados, expressa em porcentagem.

Coeficiente de determinação, que se indica por R^2, é a proporção da variação total (soma de quadrados total) explicada pela variação de tratamentos (soma de quadrados de tratamentos).

3.5. Exercícios

1. Os dados obtidos em um experimento completamente ao acaso estão apresentados na tabela abaixo. Calcule as médias e os desvios padrões. Desenhe um gráfico para apresentar os dados e as médias.

Dados obtidos em um experimento (fictício)

Tratamento				
A	B	C	D	E
12	11	8	15	16
13	8	11	17	17
10	7	13	17	19
13	9	12	17	16
13	9	12	14	16
11	10	10	16	18

2. Faça a análise de variância dos dados apresentados no exercício anterior.

3. Para verificar se quatro marcas comerciais diferentes de um mesmo produto vendido em embalagens que especificam peso líquido de 120 gramas contêm o peso especificado, um instituto de pesquisa comprou cinco itens de cada marca e os pesou. Os dados estão na tabela abaixo. Faça uma análise de variância e interprete o resultado.

Pesos, em gramas, segundo a marca comercial do produto

Produto			
A	B	C	D
117	115	118	125
120	110	123	121
114	116	119	123
119	115	122	118
115	114	118	118

4. Faça a análise de variância dos dados apresentados na tabela dada em seguida e interprete o resultado.

Dados obtidos em um experimento (fictício)

Grupo	
Tratado	Controle
6	7
5	9
7	6
3	7
5	6
2	6
4	9
8	6

5. Faça a análise de variância dos dados apresentados na tabela dada em seguida e interprete o resultado.

Dados obtidos em um experimento (fictício)

Tratamento				
A	B	C	D	E
11	26	13	26	19
18	25	19	21	27
24	22	22	19	28
15	11	10	22	22

CAPÍTULO 4

Pressuposições Básicas

Neste Capítulo vamos usar gráficos e algumas estatísticas[1] para checar as pressuposições necessárias para proceder a uma análise de variância (ANOVA). São estas as pressuposições:

1. A variável dependente deve ser contínua.
2. A variável independente deve ser qualitativa.
3. Não deve haver dados discrepantes.
4. Os erros devem ser independentes.
5. Os erros devem ter distribuição normal.
6. Os tratamentos devem ter variâncias homogêneas.

4.1. Variável Dependente e Variável Independente

As pressuposições 1 e 2 são definidas já no delineamento do experimento[2]: a resposta aos tratamentos, ou seja, a variável dependente deve ser contínua como, por exemplo, peso, altura, densidade. Os tratamentos são variáveis qualitativas como variedades de hortaliças, marcas de produtos químicos, épocas de plantio, tipos de preparo do solo.

[1] Foram propostos diversos testes estatísticos para estabelecer se as pressuposições exigidas pelas análises de variância são válidas. No entanto, há quem prefira não fazer testes, mas apenas fazer gráficos e estudar a situação por meio de estatísticas descritivas.

[2] Veja o Capítulo 1 deste livro.

As demais pressuposições se referem a erros. Veja a Figura 4.1. É preciso, então, saber o que são erros e distinguir erros de resíduos ou desvios.

Figura 4.1 Pressuposições para proceder a uma análise de variância

4.2. Erros e Resíduos

As pressuposições exigidas para proceder a uma análise de variância são sobre os *erros – não sobre os dados*. Então vamos conceituar resíduos e depois distinguir resíduos de erros.

De começo, convém lembrar que, terminada a coleta de dados, o pesquisador deve calcular as médias de tratamentos e a média geral. Se fizer as diferenças entre as médias de tratamentos e a média geral, obtém as estimativas t_i dos efeitos de tratamentos:

$$t_i = \bar{y}_i - \bar{\bar{y}}$$

▸ Exemplo do procedimento para obter estimativas dos efeitos de tratamentos

Para comparar os efeitos de quatro tratamentos (A, B, C, D) sobre determinada variável, um pesquisador sorteou os tratamentos para 20 parcelas. Obteve os dados apresentados na Tabela 4.1 (já apresentados na Tabela 3.1 do Capítulo 3). As médias dos tratamentos estão no rodapé da tabela. A média geral é:

$$\bar{\bar{y}} = \frac{25 + 26 + \cdots + 28}{20} = 26{,}75$$

Tabela 4.1. Dados de um experimento (fictício)

Tratamento			
A	B	C	D
25	31	22	33
26	25	26	29
20	28	28	31
23	27	25	34
21	24	29	28
23	27	26	31

Para os dados da Tabela 4.1, as estimativas dos efeitos dos tratamentos A, B, C e D, que indicaremos por t_A, t_B, t_C e t_D são, respectivamente:

$$t_A = 23 - 26{,}75 = -3{,}75$$
$$t_B = 27 - 26{,}75 = 0{,}25$$
$$t_C = 26 - 26{,}75 = -0{,}75$$
$$t_D = 31 - 26{,}75 = 4{,}25$$

Observe, no exemplo: parcelas que recebem o mesmo tratamento apresentam respostas diferentes. Essas diferenças são explicadas por fatores que não foram controlados, mas têm efeito sobre a *resposta* de cada parcela. No caso de um experimento de campo, em que o pesquisador busca produção, fatores não controlados são, por exemplo: diferenças da umidade do solo entre uma parcela e outra; diferenças na fertilidade do solo; variação na profundidade da semeadura; variação na capacidade germinativa das sementes; variação na aplicação do tratamento às parcelas; erros de pesagem. A soma dos fatores não controlados constituem os *resíduos ou desvios*. Portanto, a resposta de cada parcela tem três componentes:

- a média geral,
- o efeito do tratamento que a parcela recebeu,
- o resíduo ou desvio.

Podemos calcular o *resíduo* de cada parcela de um experimento. No caso do experimento da Tabela 4.1, a resposta da primeira parcela do tratamento A é 25. A média geral é 26,75. A estimativa do efeito do tratamento A é –3,75. Então:

$$25 = 26{,}75 - 3{,}75 + e_{ij}$$
$$25 = 23 + e_{ij}$$
$$e_{ij} = 2$$

Os demais resíduos desse experimento são calculados da mesma forma. Mas poderiam ter sido feitos outros experimentos, que dariam outros resíduos. Se imaginarmos "infinitos" experimentos conduzidos nas mesmas condições, teríamos os valores verdadeiros da média geral μ (lê-se mi) e dos efeitos de tratamentos τ_i (lê-se tau índice i) – que o estatístico chama de *parâmetros.* Teríamos, também, os erros ε_{ij} (lê-se épsilon índice i, j) e não simplesmente os resíduos, isto é, teríamos a verdadeira diferença entre o valor obtido em cada parcela e a média do tratamento que essa parcela recebeu. O modelo estatístico (teórico) de um experimento completamente ao acaso é:

$$Y_{ij} = \mu + \tau_i + \varepsilon_{ij}$$

Para proceder a uma análise de variância, *os erros* ε_{ij} devem *ser variáveis aleatórias independentes com distribuição normal de média zero e variância* σ^2. Mas, como vimos, não conhecemos os erros. Conhecemos apenas os resíduos e_{ij} obtidos de um experimento. Podemos, porém, usar esses resíduos para testar a hipótese de que os erros são *variáveis aleatórias independentes com distribuição normal de média zero e variância constante.*

4.2.1. Cálculo dos Resíduos

No caso de um experimento completamente ao acaso, para obter resíduos é preciso calcular as diferenças entre cada um dos valores observados e a média do tratamento ao qual esse valor pertence. Dado que

$$y_{i,j} = \bar{\bar{y}} + t_i + e_{i,j}$$
$$y_{i,j} = \bar{y}_i + e_{i,j}$$
$$e_{i,j} = y_{i,j} - \bar{y}_i$$

▶ Exemplo do cálculo dos resíduos

Para os dados da Tabela 4.1, foram calculados os resíduos apresentados na Tabela 4.2.

Tabela 4.2. Resíduos (dados da Tabela 4.1)

Tratamento			
A	B	C	D
25 – 23 = 2	31 – 27 = 4	22 – 26 = –4	33 – 31 = 2
26 – 23 = 3	25 – 27 = –2	26 – 26 = 0	29 – 31 = –2
20 – 23 = –3	28 – 27 = 1	28 – 26 = 2	31 – 31 = 0
23 – 23 = 0	27 – 27 = 0	25 – 26 = –1	34 – 31 = 3
21 – 23 = –2	24 – 27 = –3	29 – 26 = 3	28 – 31 = –3

4.2.2. Cálulo dos Resíduos Padronizados

Alguns softwares de estatística trabalham com *resíduos padronizados* (*standartized residuals*). Por definição:

$$\text{Resíduo padronizado } i = \frac{\text{Resíduo } i}{\text{desvio padrão do resíduo } i}$$

Para obter os resíduos padronizados z_i, calcule:

$$z_i = \frac{e_i}{\sqrt{\dfrac{SQR}{n-1}}}$$

Verbalizando: feita a análise de variância, calcule a raiz quadrada da soma de quadrados de resíduo (SQR) dividida por $n - 1$. Depois, divida os resíduos $e_{i,j} = y_{i,j} - \overline{y}_i$ por essa raiz quadrada.

▸ Exemplo de cálculo dos resíduos padronizados

Veja os dados apresentados na Tabela 4.1. A análise de variância desses dados, que está na Tabela 3.2 do Capítulo 3, dá a soma de quadrados de resíduos: $SQR = 112{,}00$. Então, *para a primeira observação do tratamento* A (25), o *resíduo padronizado* é:

$$z_1 = \frac{25 - 23}{\sqrt{\dfrac{112{,}00}{19}}} = \frac{2}{2{,}4279} = 0{,}82375$$

Os demais resíduos padronizados, calculados da mesma forma, estão na Tabela 4.3.

Tabela 4.3. Resíduos padronizados (dados na Tabela 4.2)

Tratamento			
A	B	C	D
0,82375	1,64751	-1,64751	0,82375
1,23563	-0,82375	0,00000	-0,82375
-1,23563	0,41188	0,82375	0,00000
0,00000	0,00000	-0,41188	1,23563
-0,82375	-1,23563	1,23563	-1,23563

Para traçar um gráfico dos resíduos padronizados, coloque os tratamentos (A, B, C, D) no eixo das abscissas e os resíduos padronizados no eixo das ordenadas. Quando o modelo é adequado, a dispersão dos pontos é aproximadamente igual para todos os tratamentos, como acontece no exemplo apresentado na Figura 4.2.

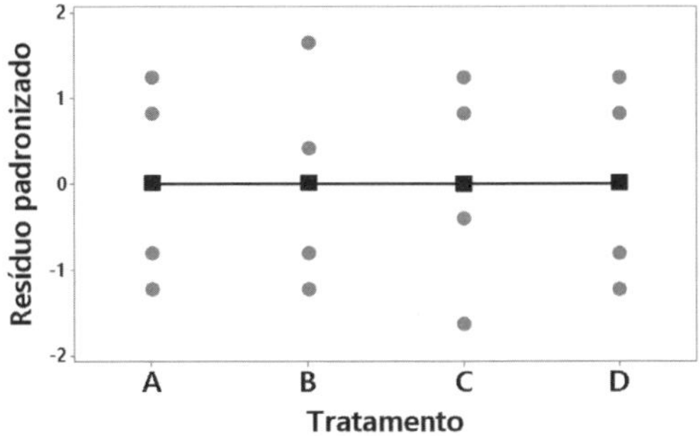

Figura 4.2. Resíduos padronizados dos dados apesentados na Tabela 4.1

4.3. Dado Discrepante

Dado discrepante (*outlier*) é um valor muito maior ou muito menor do que o esperado, ou seja, é um valor que não se encaixa no padrão geral dos dados. É possível que esse valor tenha surgido por simples erro de digitação ou de medição. Em qualquer desses dois casos, basta corrigir o engano e o problema estará resolvido. No entanto, se um dado, embora corretamente medido e digitado, é discrepante, você precisa julgar a situação com cuidado. Não se pode descartar um valor discrepante com uma desculpa qualquer.

Um gráfico com os desvios padronizados ajuda identificar valores fora do padrão. Dados discrepantes ficam visíveis, mas há testes[3] para verificar se um dado é discrepante. Em estatística para a qualidade, é discrepante todo dado que tem seu resíduo padronizado fora dos limites –3 e +3. De qualquer forma, é o pesquisador – e não o analista – quem deve se responsabilizar pela inclusão ou descarte dos dados discrepantes[4].

---

[3] Ver Capítulo 12 deste livro.

[4] DEAN, A.; VOSS, D.; DRAGULJIĆ, D. **Design and Analysis of Experiments**. 2 ed. New York: Spring Verlag, 2017.

4.4. Independência

Para proceder a uma análise de variância como mostrado no capítulo 3, é preciso que as observações sejam independentes. Em geral, a independência é determinada pela maneira como foi feita a coleta de dados[5]. Dados obtidos experimentalmente não são independentes se:

1. A designação dos tratamentos às parcelas não foi aleatória.
2. Há efeito de uma parcela sobre a outra.
3. As medições são feitas na mesma parcela ao longo do tempo ou em parcelas aglomeradas.

Já foi discutida a necessidade de casualização e – no caso de experimentos na agricultura – a necessidade de bordadura para determinados experimentos. Mas a independência dos dados requer, ainda, que a mesma parcela não seja observada mais de uma vez e também não haja aglomerados.

Dados não são independentes se as parcelas forem *observadas ao longo do tempo*. Por exemplo, se você pesar cada novilho do mesmo plantel todos os meses durante um ano – as observações ao longo do tempo *não* podem ser consideradas independentes. Também não são independentes medidas feitas em unidades agrupadas[6]. Por exemplo, observações feitas em suínos que estão em uma mesma baia têm correlação. Animais de uma mesma baia devem constituir uma única parcela.

Para verificar a pressuposição de independência, faça um gráfico colocando os resíduos ou os resíduos padronizados contra a ordem em que as observações foram feitas. Veja a Figura 4.3: a pressuposição de independência está satisfeita porque os resíduos estão distribuídos no gráfico aleatoriamente em torno de zero.

4.5. Distribuição Normal

Para proceder a uma análise de variância, uma pressuposição muito valorizada (no sentido de ser sempre buscada) pelos pesquisadores é a de que os *erros tenham distribuição normal ou aproximadamente normal*[7]. Muitos

---

[5] SCHEFFÉ, H. **The analysis of variance**. New York: Wiley, 1959.

[6] *Do your data violate one-way ANOVA assumptions*? Disponível em *www.basic.northwestern.edu/.../oneway_anova_ass_viol.htm. Acesso em 30 de outubro de 2017.*

[7] Um erro comum, nos trabalhos de quem se inicia na estatística, é dizer que os *dados* têm distribuição normal. Os resíduos – e nunca os dados – podem sugerir, por meio de gráficos e de algumas estatísticas vistas aqui, que é razoável pressupor que os erros têm distribuição normal.

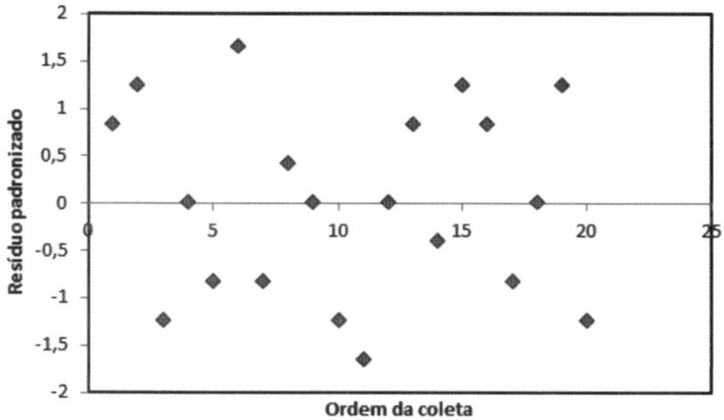

Figura 4.3. Resíduos padronizados segundo a ordem de coleta dos dados

recomendam só proceder à análise de variância depois de um teste estatístico não rejeitar a hipótese de normalidade dos erros[8]. No entanto, é importante desenhar gráficos e ver as estatísticas descritivas, que também permitem verificar se a suposição de normalidade é plausível.

O gráfico da distribuição normal ou – como preferem os físicos, a curva de Gauss – tem aspecto típico: é uma curva em forma de sino, simétrica em torno da média. Ainda, média, mediana e moda coincidem. Para ter ideia, por meio de gráficos, de que você pode aceitar que a distribuição dos erros é normal, desenhe um histograma, um diagrama quartil-quartil também conhecido como diagrama Q-Q (Q-Q plot) ou um diagrama de probabilidades também conhecido como diagrama P-P (P-P plot).

O histograma permite julgar visualmente se a distribuição de frequências tem o aspecto da curva normal, a perceber lacunas na distribuição e identificar dados discrepantes.

▶ Exemplo de histograma

A distribuição de frequências dos resíduos dos dados apresentados na Tabela 4.1 está na Tabela 4.4 e em histograma na Figura 4.4 O gráfico parece desajeitado, mas os dados são poucos. Mesmo assim, não se pode dizer que os erros não atendem à pressuposição de normalidade: a média é zero e está no centro, há simetria, e o número de resíduos nos extremos é pequeno.

[8] São mais conhecidos o teste de Kolmogorov-Smirnov e o teste de Shapiro-Wilks.

Tabela 4.4. Distribuição de frequências dos resíduos

Resíduo	Frequência
-4	1
-3	3
-2	3
-1	1
0	4
1	1
2	3
3	3
4	1
Total	20

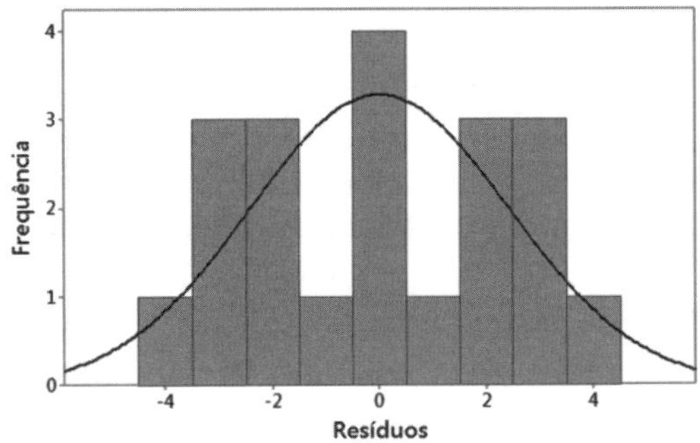

Figura 4.4. Histograma dos resíduos

O diagrama Q-Q (*Q-Q* plot), ou gráfico dos quartis-quartis (quantile-quantile plot), está na Figura 4.5. É um diagrama de dispersão: você coloca os resíduos no eixo das abscissas e os valores esperados sob a hipótese de que a distribuição é normal no eixo das ordenadas. Traça, então, uma reta passando pela origem. Quanto mais próximos da reta estiverem os pontos, maior é a confiança de que a distribuição dos erros é normal. Pequenos desvios são aceitáveis

O diagrama P-P (P-P-plot) ou diagrama de probabilidades é similar ao diagrama Q-Q, com uma diferença: usam-se as frequências acumuladas e as probabilidades acumuladas. É preciso cuidado, porém, quando se discute os diagramas Q-Q e P-P, porque diferentes programas usam diferentes algoritmos.

▶ Exemplo de diagrama Q-Q

Os resíduos do exemplo apresentado na Tabela 4.1 estão em diagrama Q-Q na Figura 4.5. Os pontos não estão exatamente sobre a reta, mas também não estão longe (estão dentro do intervalo de confiança).

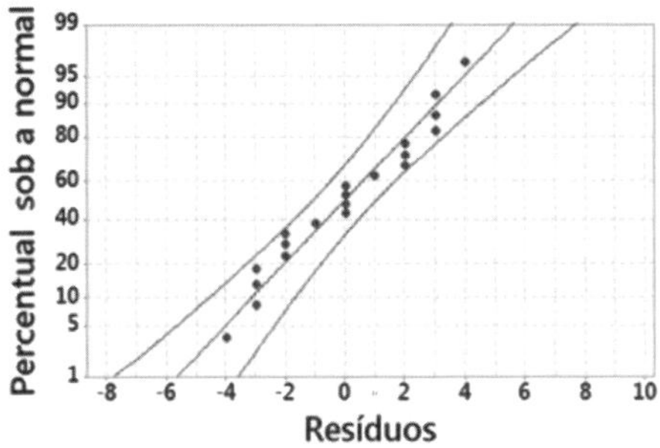

Figura 4.5. Diagrama Q-Q

Estatísticas descritivas como o coeficiente de curtose e o coeficiente de assimetria são importantes indicadores de normalidade[9]. Aliás, o pesquisador não precisa se preocupar muito com a questão estrita da normalidade[10], a menos que a distribuição dos erros:

1. seja assimétrica;
2. tenha curtose positiva.

Vamos então lembrar o que são simetria e curtose. Uma distribuição é *simétrica* se parecer igual ou muito semelhante, à esquerda e à direita do ponto central. Tem *assimetria negativa* se a cauda à esquerda for mais alongada que a cauda à direita. Tem *assimetria positiva* se a cauda à direita for mais alongada que a cauda à esquerda. Veja a Figura 4.6.

Para obter o coeficiente de assimetria, calcule:

$$A = \frac{\Sigma_i^n (y_i - \bar{y})^3}{(n-1)s^3}$$

[9] SCHEFFÉ, H. **The analysis of variance**. New York: Wiley, 1959.
[10] SCHEFFÉ, H. **The analysis of variance.** New York: Wiley, 1959.

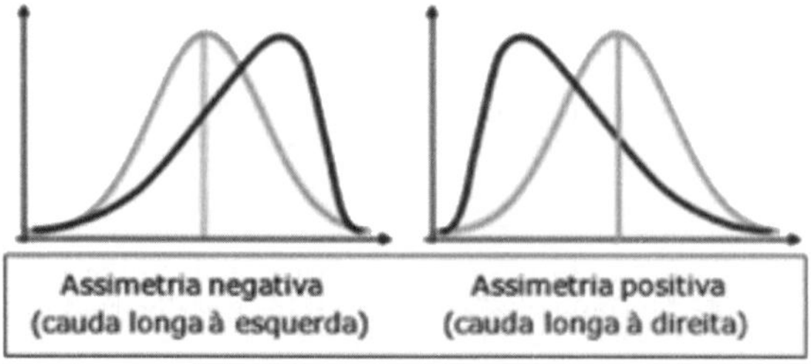

Figura 4.6. Assimetria

Para julgar a assimetria, use a regra prática:

- $-0,5 \leq A \leq 0,5$: dados razoavelmente simétricos
- $-1 \leq A < -0,5$ ou $0,5 < A \leq 1$: dados moderadamente assimétricos
- $A < -1$ e $A > 1$: dados bastante assimétricos.

Curtose significa o quanto da variável está nas caudas da distribuição. A curtose se mede pelo "peso" das caudas, ou extremos da curva – e não pela forma do pico[11]. As distribuições podem apresentar três tipos principais de curtose: mesocúrtica, leptocúrtica e platicúrtica. Veja a Figura 4.7.

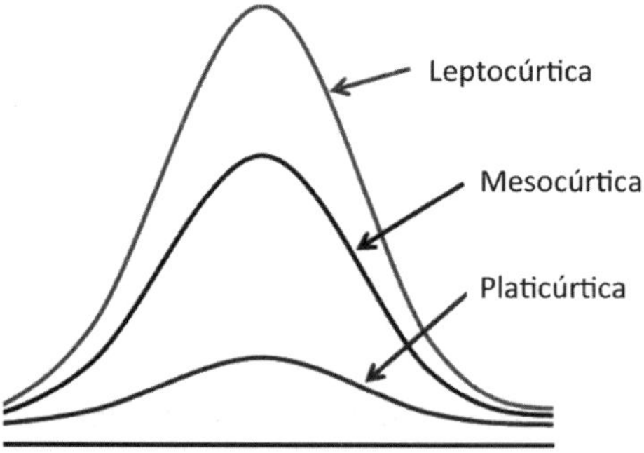

Figura 4.7. Curtose

Para obter o coeficiente de curtose, calcule:

$$K = \frac{\Sigma_i^n \Sigma(y_i - \bar{y})^4}{(n-1)s^4}$$

[11] Measures of Skewness and Kurtosis. Disponível em: https://www.itl.nist.gov/div898/handbook/eda/section3/eda35b.htm. Acesso em 11 de fevereiro de 2019.

Para julgar a curtose, use a regra prática:

- K em torno de 3: distribuição mesocúrtica
- $K > 3$: distribuição leptocúrtica
- $K < 3$: distribuição platicúrtica

Mas muito cuidado aqui, porque alguns programas para computador como o EXCEL, por exemplo, calculam a curtose de maneira diferente. Na verdade, o EXCEL calcula o *excesso de curtose,* ou seja, usa uma fórmula que corrige a curtose para o tamanho da amostra e subtrai 3 do resultado. Usando essa fórmula, o excesso de curtose na normal é zero.

Para os resíduos do exemplo apresentado na Tabela 4.2, o coeficiente de assimetria é zero e o coeficiente de curtose é 1,66. Portanto, os resíduos têm distribuição simétrica e mesocúrtica, o que sugere distribuição normal. Mas a amostra é pequena.

De qualquer modo, pequenas transgressões à pressuposição de normalidade são de pouca, ou nenhuma importância, principalmente quando a amostra é grande. No entanto, grandes transgressões à pressuposição de normalidade afetam o nível de significância do teste. O pesquisador pensa estar trabalhando no nível de significância de 5% e pode estar, na realidade, trabalhando no nível de 7% ou de 8%. Por causa disso aparecem na literatura mais diferenças significantes do que, na realidade, existem[12].

4.6. Variâncias Homogêneas

As *variâncias de tratamentos precisam ser homogêneas* ou, como preferem dizer os estatísticos – precisa haver *homocedasticia.* Veja algumas sugestões para avaliar variâncias:

1. O analista pode, simplesmente, *pressupor* que as variâncias de tratamentos são iguais[13]. Esta atitude é defensável desde que *o número de repetições por tratamento* seja *igual* e, de preferência, maior do que 10[14]. *Aliás, número igual de repetições por tratamento* é a melhor proteção contra os efeitos de variâncias desiguais ou, como se diz em estatística, da heterocedasticia[15].
2. Na prática, é usual *pressupor* variâncias iguais (homocedasticia) se a maior variância não exceder a menor em três vezes. Esta regra,

[12] MONTGOMERY, D. C. **Design and analysis of experiments**. 5 ed. New York: Wiley, 2001.
[13] JOHN, P. W. M. **Statistical design and analysis of experiments.** New York: Macmillan, 1971.
[14] DEAN, A.; VOSS, D.; Draguljić, D. **Design and analysis of experiments**. New York: Springer, 2017.
[15] SCHEFFÉ, H. **The analysis of variance.** New York: Wiley, 1959.

muito usada, pode conduzir a erro: em alguns poucos casos, embora a pressuposição de variâncias iguais esteja correta, a maior variância excede em três vezes a menor.

De qualquer forma, transgressões moderadas da pressuposição de variâncias iguais têm pouca, ou nenhuma importância prática, a não ser nestas duas situações: 1-assimetria; 2-curtose positiva. Então é importante olhar a normalidade dos erros, antes de comparar as variâncias.

Se a distribuição for assimétrica, a variabilidade tende a ser função da média, ou melhor, em geral o desvio padrão cresce quando a média cresce. Para verificar se isto está acontecendo, desenhe um diagrama de dispersão das médias contra os desvios padrões e estude a correlação. Não deve existir correlação entre essas estatísticas.

Veja os dois diagramas de dispersão apresentados na Figura 4.8: no da esquerda, não existe correlação entre médias e desvios padrões, ou seja, a dispersão dos dados não aumenta quando as médias aumentam; no da direita, existe correlação entre médias e desvios padrões. Então, no primeiro caso, é razoável a pressuposição de igualdade de variâncias, mas no segundo caso, não[16].

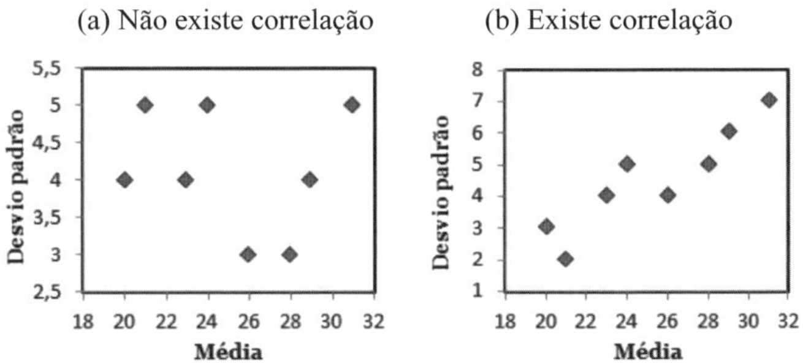

Figura 4.8: Correlação entre médias e desvios padrões

Se a *curtose for positiva*, o teste *F* não tem poder, ou seja, não rejeita a hipótese da nulidade, mesmo que essa hipótese seja incorreta[17]. Esta é a situação mais grave de heterocedasticia. Mas, em geral, a análise de variância é válida se a distribuição dos resíduos puder ser considerada simétrica e a maior variância não exceder em três vezes a menor.

[16] Os dados para o gráfico da esquerda estão na Tabela 5.1 e os dados para o gráfico da direita no exercício 4.

[17] SCHEFFÉ, H. **The analysis of variance**. New York: Wiley, 1959.

4.7. Resumo

Pressuposições para a aplicação de análise de variância:

1. A variável dependente deve ser contínua.
2. A variável independente deve ser qualitativa.
3. Não deve haver dados discrepantes.
4. Os erros devem ser independentes.
5. Os erros devem ter distribuição normal.
6. Os tratamentos devem ter variâncias homogêneas.

Dado discrepante (*outlier*) é um valor muito maior ou muito menor do que o esperado. Em outras palavras, dado discrepante é o valor que não se encaixa no padrão geral dos dados coletados.

A *independência* fica garantida nos experimentos completamente ao acaso se a mesma unidade experimental não for observada ao longo do tempo, nem forem obtidos dados de unidades que estão aglomeradas.

O gráfico da distribuição normal é uma curva em forma de sino, simétrica em torno da média. Ainda, média, mediana e moda coincidem. Para julgar se os erros têm distribuição normal, desenhe histograma, diagrama Q-Q (Q-Q plot) e diagrama P-P (P-P plot). Veja a assimetria e a curtose.

Uma distribuição é *simétrica* se parecer igual ou muito semelhante, à esquerda e à direita do ponto central.

Curtose significa o quanto da variável está nas caudas da distribuição. A curtose se mede pelo "peso" das caudas, ou extremos da curva – e não pela forma do pico.

Transgressões moderadas da pressuposição de variâncias iguais têm pouca, ou nenhuma importância prática, a não ser nestas duas situações: 1) distribuição assimétrica; 2) a curtose positiva.

4.8. Exercícios

1. Os dados apresentados abaixo se referem a um experimento inteiramente ao acaso. Verifique se existe correlação serial por meio gráfico. São dados: a ordem em que os dados foram coletados (número de ordem), o valor medido e o grupo (tratamento) ao qual o valor pertencia.

Dados obtidos em um experimento (fictício)

Nº de ordem	Dado	Grupo	Nº de ordem	Dado	Grupo	Nº de ordem	Dado	Grupo	Nº de ordem	Dado	Grupo
1	22,4	1	9	20,2	3	17	18,3	2	25	18,9	2
2	24,6	3	10	19,6	1	18	17,5	1	26	16	4
3	20,3	1	11	28,8	2	19	18,7	4	27	20,1	2
4	19,8	4	12	24	4	20	22,9	3	28	22,5	3
5	24,3	3	13	17,1	4	21	16,3	1	29	16	3
6	22,2	2	14	19,3	4	22	14	4	30	19,3	1
7	28,5	2	15	24,2	3	23	16,6	4	31	15,9	1
8	25,7	2	16	15,8	1	24	18,1	2	32	20,3	3

2. Calcule as médias e os desvios padrões dos dados apresentados na tabela a seguir. Faça um gráfico das médias contra os desvios padrões. Conclua.

Dados obtidos em um experimento (fictício)

Tratamento			
A	B	C	D
25,5	29	15	15
23	27	16	16,5
23	29	14	15,5
24	29	14,5	15

3. São apresentados na tabela a seguir os dados coletados em um experimento completamente ao acaso, com nove tratamentos e quatro repetições por tratamento. Calcule os resíduos e faça um histograma. Você aceita a normalidade dos erros?

Dados obtidos em um experimento (fictício)

Tratamento								
1	2	3	4	5	6	7	8	9
12	13	26	8	11	28	19	17	24
8	28	21	26	20	27	24	18	24
11	13	33	18	22	28	10	14	23
14	24	31	16	30	24	20	18	17

4. Calcule as médias e as variâncias dos dados apresentados no exercício 3. Você aceita que as variâncias são homogêneas, usando a regra prática?

5. Calcule as médias e as variâncias dos dados apresentados no exercício 3. Desenhe diagramas de caixa, por tratamento. Compare a variabilidade.

CAPÍTULO

5

Comparação de Médias

Quando a análise de variância produz resultado significante, o certo é continuar o trabalho[1] fazendo um teste para a comparação de médias. Estão disponíveis, na literatura, diversos testes, mas nenhum deles é definitivamente "melhor" que os demais. Todos os testes para a comparação de médias têm suas especificidades, vantagens e desvantagens, que precisam ser avaliadas caso a caso.

Neste Capítulo, vamos explicar três testes para a comparação de médias, usando o exemplo que está na Tabela 5.1. A análise de variância desses dados, apresentada na Tabela 5.2, permite concluir que, no nível de 5% de significância, pelo menos uma média de tratamentos é diferente das demais. Um teste de comparação de médias pode, então, determinar qual é a média, ou quais são as médias que diferem estatisticamente entre si.

Tabela 5.1. Dados de um experimento (fictício)
As médias estão no rodapé da tabela

Tratamento					
A	B	C	D	E	Testemunha
25	10	18	23	11	8
17	–2	8	29	23	–6
27	12	4	25	5	6
21	4	14	35	17	0
15	16	6	33	9	2
21	8	10	29	13	2

[1] O teste F é um teste global (*omnibus test*), pois testa a significância de todas as variáveis independentes conjuntamente - e não a significância das variáveis independentes individualmente.

Tabela 5.2. Análise de variância dos dados da Tabela 5.1

Causa de variação	GL	SQ	QM	F	*p*-valor
Tratamentos	5	2.354,17	470,83	13,08	0,000
Resíduo	24	864,00	36,00		
Total	29	3.218,17			

5.1. Testes para Comparação de Médias

Vamos ver, neste capítulo, o teste de Tukey, o teste de Dunnett e o teste de Scheffé. Outros testes serão vistos no Capítulo 11 deste livro.

5.1.1 Teste de Tukey ou teste da diferença honestamente significante

O teste de Tukey é muito usado em trabalhos científicos porque permite *comparar médias duas a duas* (*pairwise comparisons*). Não é preciso estabelecer, no projeto de pesquisa, quais tratamentos serão comparados. O teste de Tukey é, portanto, *post-hoc* ou um teste *a posteriori.*

Vamos ver aqui o teste de Tukey para comparar médias de tratamentos com *igual número de repetições*. Primeiro, é preciso estabelecer o nível de significância. É usual estabelecer esse nível em 5%, embora também sejam feitos testes a 1% e a 10%.

De acordo com o teste, duas médias são estatisticamente diferentes toda vez que o valor absoluto da diferença entre elas for igual ou maior do que a *diferença honestamente significante* (*HSD*) proposta por Tukey[2].

Se você estiver usando um software de estatística, vai obter as comparações de médias, duas a duas. Precisa apenas se acostumar com o software, porque a disposição da saída (*output*) nem sempre é fácil de entender. Veja a Tabela 5.3 e a Tabela 5.4, já organizadas, mas que são formas possíveis das "saídas" de um computador.

A Tabela 5.3, uma tabela de dupla entrada[3], apresenta as diferenças de médias segundo os tratamentos.

[2] No Brasil muitos chamam, impropriamente, a *HSD* proposta por Tukey de diferença mínima significante, terminologia do teste de Fisher. Capítulo 11.

[3] Esta forma de apresentação é usada no programa *Statistica,* por exemplo.

Tabela 5.3. Diferenças de médias, segundo os tratamentos

	A 21,00	B 8,00	C 10,00	D 29,00	E 13,00	Controle 2,00
A: 21,0	-	13,00*	11,00	-8,00	8,00	19,00*
B: 8,00		-	-2,00	-21,00*	-5,00	6,00
C: 10,00			-	-19,00*	-3,00	8,00
D: 29,00				-	16,00*	27,00*
E: 13,00					-	11,00

Nota: O asterisco indica significância no nível de 5%,pelo teste de Tukey. *HSD* = 11,733.

Na Tabela 5.4, os resultados da comparação de médias pelo teste de Tukey estão organizados de forma diferente[4]. Saiba que:

- *A diferença entre duas médias é estatisticamente significante* quando *as letras,* em frente a essas duas médias, são *diferentes*.
- A *diferença entre duas médias não é estatisticamente significante* quando a *mesma letra*[5] aparece em frente a essas duas médias.
- Letras maiúsculas indicam que o teste foi aplicado no nível de significância de 0,01. Letras minúsculas indicam que o teste foi aplicado no nível de significância de 0,05.

Tabela 5.4. Comparação das médias

Tratamento	Média	Significância		
D	29,00	a		
A	21,00	a	b	
E	13,00		b	c
C	10,00		b	c
B	8,00			c
Controle	2,00			c

Nota: Letras minúsculas diferentes indicam diferenças significantes no nível de significância de 0,05.

Em artigos científicos, talvez seja mais conveniente apresentar uma tabela com médias e desvios padrões e depois apenas registrar as diferenças significantes. No caso do exemplo:

[4] Esta forma de apresentação é usada no programa *SAS,* por exemplo.

[5] Piepho, H .P. Letters in Mean Comparisons: What They Do and Don't Mean *Agron. J.* 110:431–434. 2018.

Conclusão: o teste de Tukey mostrou, no nível de 5% de significância, que o resultado obtido com D é, em média, maior que os resultados obtidos com E, C, B e controle; o tratamento A dá, em média, resultado maior que B e controle.

*5.1.1.1 Procedimento para o teste de Tukey

Se você quiser calcular a diferença honestamente significante (*HSD*), a fórmula é:

$$HSD = q_{(\alpha,t,gl)}\sqrt{\frac{QMR}{r}}$$

Nessa fórmula:

- $q_{(\alpha,t,gl)}$ é denominado amplitude estudentizada de Tukey. Refere-se ao nível de significância *a*, a *t* tratamentos e ao número de graus de liberdade do resíduo da análise de variância (*gl*). Você encontra tabelas de valores críticos de *q* na internet[6] e em livros de estatística.
- *QMR* é o quadrado médio do resíduo da análise de variância.
- *r* é o número de repetições em cada um dos grupos.

A Tabela 5.5 reproduz parte de uma tabela de valores críticos de *q,* no nível de 0,05 de significância. Tais valores se referem ao número de tratamentos em comparação e ao número de graus de liberdade do resíduo da análise de variância.

Considere, como exemplo, os dados do experimento apresentado na Tabela 5.1. A análise de variância está na Tabela 5.2. Para 6 tratamentos e 24 graus de liberdade do resíduo da análise de variância, no nível de significância de 5%, você acha na Tabela 5.5 o valor crítico $q = 4{,}37$ (em negrito).

Tabela 5.5. Valores críticos de *q* de Tukey para o nível de significância de 5%

Nº de graus de liberdade do resíduo	Nº de tratamentos				
	2	3	4	5	6
22	2,93	3,55	3,93	4,20	4,41
23	2,93	3,54	3,91	4,18	4,39
24	2,92	3,53	3,90	4,17	**4,37**
25	2,91	3,52	3,89	4,15	4,36
26	2,91	3,51	3,88	4,14	4,35

Nota: Reprodução parcial de uma tabela de valores críticos de *q*.

[6] Valores críticos de q de Tukey para o nível de significância de 5%. 2021. Disponível em htpp://tabelasanova.blogspot.com/q5

▶ Exemplo de procedimento para o teste de Tukey

Os dados da Tabela 5.1 foram submetidos à análise de variância, que está na Tabela 5.2. Para comparar as médias de tratamentos duas a duas, aplique o teste de Tukey no nível de 5% de significância. É preciso calcular:

$$HSD = 4{,}37\sqrt{\frac{36{,}00}{5}} = 11{,}73$$

Para fazer a comparação de médias pelo teste de Tukey, é preciso calcular as diferenças de médias, duas a duas, como está na Tabela 5.6. Duas médias são estatisticamente diferentes toda vez que o valor absoluto da diferença entre elas for igual ou maior do que o valor *HSD* calculado.

Tabela 5.6. Diferenças de médias

Comparação	Diferença de médias
A-B	21 – 8 = 13*
A-C	21 – 10 = 11
A-D	21 – 29 = – 8
A-E	21 – 13 = 8
A-Controle	21 – 2 = 19*
B-C	8 – 10 = – 2
B-D	8 – 29 = – 21*
B-E	8 – 13 = – 5
B- Controle	8 – 2 = 6
C-D	10 – 29 = – 19*
C-E	10 – 13 = – 3
C- Controle	10 – 2 = 8
D-E	29 – 13 = 16*
D- Controle	29 – 2 = 27*
E- Controle	13 – 2 = 11

Nota: O asterisco indica significância no nível de 5%, pelo teste de Tukey. *HSD* = 11,733.

5.1.2 Teste de Dunnett ou teste das comparações múltiplas de Dunnett

O teste de Dunnett *compara as* médias de *grupos tratados com a média do grupo controle*. Para proceder ao teste, é preciso estabelecer primeiro o nível de significância. É usual estabelecer em 5%, embora também sejam feitos testes a 1% e a 10%.

De acordo com o teste, a média de um *grupo tratado* é diferente da média do *grupo controle* toda vez que o valor absoluto da diferença entre elas for igual ou maior do que a *diferença mínima significante* (*dms*) proposta por Dunnett. Se você estiver usando um software de estatística, vai obter os resultados apresentados na Tabela 5.7. Pode, então, concluir:

> Os tratamentos D, A e E têm médias significantemente maiores do que a média do controle (nível de 5% de significância).

Tabela 5.7. Comparações múltiplas com o teste de Dunnett

Tratamento	Nº de repetições	Média	Agrupamento
Controle	5	2	a
D	5	29	
A	5	21	
E	5	13	
C	5	10	a
B	5	8	a

Nota: Médias sem a letra a são diferentes do controle, no nível de 5% de significância.

*5.1.2.1. Procedimento para o teste de Dunnett

Estabeleça o nível de significância. Depois calcule a *diferença mínima* que deve haver entre a média de um grupo tratado e a média do grupo controle para que elas possam ser consideradas estatisticamente diferentes. A diferença mínima significante *dms* é dada por

$$dms = d_{\alpha,t,gl} \sqrt{\frac{2 \times QMR}{r}}$$

Nessa fórmula:

- $d_{\alpha,t,gl}$ é um valor dado na tabela de valores críticos para o teste de Dunnett[7]. Depende do nível α de significância, do número de tratamentos (grupos tratados e controle) e do número de graus de liberdade do resíduo da análise de variância (*gl*).
- *QMR* é o quadrado médio do resíduo da análise de variância
- *r* é o número de repetições.

[7] Valores críticos de d de Dunnett para o nível de significância de 5%. 2021. Disponível em htpp://tabelasanova.blogspot.com/d5

A Tabela 5.8 reproduz parte de uma tabela de valores críticos de *d,* no nível de 0,05 de significância. Esses valores se referem ao número de tratamentos (grupos tratados + grupo controle) e ao número de graus de liberdade do resíduo da análise de variância.

Considere, como exemplo, os dados do experimento apresentado na Tabela 5.1. A análise de variância está na Tabela 5.2. Para 6 tratamentos e 24 graus de liberdade no resíduo da análise de variância, no nível de significância de 5%, você acha na Tabela 5.8 $d_{0,05;6;24} = 2,70$. (em negrito).

Tabela 5.8. Valores críticos de *d* de Dunnett para o nível de significância de 5%, segundo o número de tratamentos (incluindo o controle) e o número de graus de liberdade do resíduo

Graus de liberdade do resíduo	Nº de tratamentos (incluindo o controle)					
	2	3	4	5	6	7
20	2,09	2,38	2,54	2,65	2,73	2,80
24	2,06	2,35	2,51	2,61	**2,70**	2,76
30	2,04	2,32	2,47	2,58	2,66	2,72
40	2,02	2,29	2,44	2,54	2,62	2,68

Nota: Reprodução parcial de uma tabela de valores críticos de *d*.

De acordo com o teste, a média de um grupo tratado é estatisticamente diferente da média do grupo controle toda vez que o valor absoluto da diferença entre elas for igual ou maior do que o valor *dms* calculado.

▶ Exemplo de procedimento para o teste de Dunnett

Considere os dados apresentados na Tabela 5.1, com as respectivas médias. No nível de significância de 5%, $d_{0,05;6;24} = 2,70$. (Tabela 5.8). O número de repetições é $r = 5$ e o quadrado médio de resíduo da análise de variância (Tabela 5.2) é $QMR = 36,00$. Para aplicar o teste de Dunnett, calcule:

$$dms = 2,70 \times \sqrt{\frac{2 \times 36,00}{5}} = 10,25$$

Para fazer a comparação de médias pelo teste de Dunnett, calcule as diferenças das médias de cada grupo tratado com a média do controle, como está na Tabela 5.9.

Tabela 5.9. Diferenças de médias

Comparação	Diferença
A-Controle	19,00*
B- Controle	6,00
C- Controle	8,00
D- Controle	27,00*
E- Controle	11,00*

Nota: O asterisco indica significância no nível de 5%, pelo teste de Dunnett (*dms* = 10,25).

Conclusão: O teste de Dunnett mostrou que os tratamentos A, D e E dão, em média, resposta maior que o controle (nível de significância de 5%).

5.1.3. Teste de Scheffé ou da Diferença Completamente Significante

Não se recomenda o teste de Scheffé para comparar médias duas a duas. Ainda, esse teste só pode ser aplicado se o resultado da análise de variância foi significante. Mas é o teste mais flexível para comparações múltiplas de médias, simples e complexas. Vamos ver o que são comparações complexas de médias.

Todos os testes de comparação de médias só se aplicam a contrastes de médias. *Contraste de médias* é uma função linear de médias em que a soma algébrica de seus coeficientes é igual à zero. Então

$$L_t = a_1\bar{y}_1 + a_2\bar{y}_2 + \cdots + a_t\bar{y}_t$$

é um contraste de t médias se

$$\sum_{i=1}^{t} a_i = 0$$

▶ Exemplos de contrastes de médias

1. Dadas duas médias de tratamentos, a função

$$L_1 = \bar{y}_1 - \bar{y}_2$$

é um *contraste de médias* porque é uma função linear de médias e a soma dos coeficientes é 1 − 1 = 0. Este é um contraste simples de médias, que você pode comparar aplicando o teste de Tukey.

2. Dadas três médias de tratamentos, a função

$$L_3 = \bar{y}_1 + \bar{y}_2 - 2 \times \bar{y}_3$$

é um *contraste de médias* porque é uma função linear de médias e a soma dos coeficientes é 1 + 1 − 2 = 0. É uma comparação complexa de médias.

3. Dadas seis médias de tratamentos, a função

$$L_6 = \bar{y}_1 + \bar{y}_2 + \bar{y}_3 + \bar{y}_3 + \bar{y}_5 - 5 \times \bar{y}_6$$

é um *contraste de médias* porque é uma função linear de médias e a soma dos coeficientes é 1 + 1 + 1 + 1 + 1 − 5 = 0. É uma comparação complexa de médias.

Quando as médias são independentes, a variância de L é estimada por:

$$V(L_t) = a_1^2 V(\bar{y}_1) + a_2^2 V(\bar{y}_2) + \cdots + a_t^2 V(\bar{y}_t)$$

Se todos os tratamentos tiverem o mesmo número r de repetições e as variâncias forem homogêneas, estimadas pelo quadrado médio do resíduo, a estimativa da variância de L é dada por:

$$\hat{V}(L_t) = \frac{1}{r}\,(a_1^2 + a_2^2 + \cdots + a_t^2)\,QMR$$

▶ Exemplos de estimativas de variâncias de contrastes de médias

1. Dado o *contraste de médias*

$$L_1 = \bar{y}_1 - \bar{y}_2$$

se as duas médias foram obtidas de tratamentos com o mesmo número r de repetições e tiverem a mesma estimativa de variância, dada pelo quadrado médio de resíduo da análise de variância, a estimativa da variância do contraste é:

$$V(L_1) = \frac{QMR}{r} + \frac{QMR}{r} = \frac{2 \times QMR}{r}$$

2. Dado o *contraste de médias*

$$L_3 = \bar{y}_1 + \bar{y}_2 - 2 \times \bar{y}_3$$

se todas as médias foram obtidas de tratamentos com o mesmo número r de repetições e tiverem a mesma estimativa de variância dada pelo quadrado médio do resíduo da análise de variância, a estimativa da variância do contraste é:

$$\hat{V}(L_3) = \frac{1}{r}\ (1 + 1 + 4)\ QMR = \frac{6 \times QMR}{r}$$

3. Para comparar as médias dos cinco grupos tratados com a média do grupo controle, considerando os dados da Tabela 5.1, o contraste de médias é

$$L = \bar{y}_1 + \bar{y}_2 + \bar{y}_3 + \bar{y}_3 + \bar{y}_5 - 5 \times \bar{y}_6$$

A estimativa da variância do contraste é

$$\hat{V}(l_6) = \frac{1}{5}\ (1 + 1 + 1 + 1 + 1 + 25)\ 36{,}00 = 216{,}00$$

---

*5.1.3.1. Procedimento para o teste de Scheffé

Para fazer o teste de Scheffé, use um software de estatística. Mas o teste de Scheffé – como é o caso da maioria dos testes estatísticos – compara o valor calculado de uma estatística com o valor crítico. Então, para fazer o teste de Scheffé, estabeleça o nível de significância que vai usar. Estabeleça os contrastes de médias que quer comparar e calcule a estimativa da variância desse contraste. A diferença completamente significante (*fully significant difference*) *FSD* é dada por:

$$FSD = \sqrt{(t - 1) \times F_{\alpha,\ (t-1),\ gl} \times V(L)}$$

Nessa fórmula:

- $F_{\alpha,\ (t-1),\ gl}$ é o valor dado na Tabela de F no nível de significância α, associado ao número de graus de liberdade de tratamentos (no numerador) e ao número de graus de liberdade do resíduo da análise de variância (no denominador).
- t é o número de tratamentos.
- $V(L)$ é a estimativa da variância do contraste de interesse.

▶ Exemplo de procedimento para o teste de Scheffé

Os dados apresentados na Tabela 5.1 foram submetidos à análise de variância. Como o valor de F resultou significante no nível de 5%, para comparar as médias dos cinco grupos tratados com a média do grupo controle pode ser aplicado o teste de Scheffé. Considere o contraste de médias:

$$L = (1) \times 21 + (1) \times 8 + (1) \times 10 + (1) \times 29 + (1) \times 13 - (5) \times 2 = 71$$

A estimativa da variância desse contraste é

$$V(L) = \left[\frac{1}{5} + \frac{1}{5} + \frac{1}{5} + \frac{1}{5} + \frac{1}{5} + \frac{25}{5}\right] \times 36{,}00 = 216$$

No nível de significância de 5%, tem-se que o valor de F, com 5 e 24 graus de liberdade é 2,62. Então:

$$FSD = \sqrt{(6-1) \times 2{,}62 \times 216} = 53{,}194$$

O valor do contraste calculado com as médias obtidas no experimento, $L = 71$, é maior que o valor calculado pelo teste de Scheffé $FSD = 53{,}194$. Então:

> As respostas obtidas com os tratamentos são, em média, maiores que as respostas do grupo controle, no nível de significância de 5%.

5.2. Algumas Considerações sobre Testes de Médias

Vimos três testes para a comparação de médias: o teste de Tukey, um teste *post hoc* ou *a posteriori*, que faz a comparação de todos os pares de médias de tratamentos (*pairwise comparisons*); o teste de Dunnett, que compara as médias de grupos tratados com a média do controle (*comparisons with control*) e o teste de Scheffé, também um teste *post hoc* ou *a posteriori*, que faz comparações múltiplas (*multiple comparisons*). Mas cabem aqui mais algumas considerações.

5.2.1. Testes Protegidos e Não Protegidos

Os testes para comparação de médias só podem ser feitos após a análise de variância porque todos eles usam, em suas fórmulas, *o quadrado médio do resíduo dessa análise*. De qualquer forma, antes de escolher o teste para comparação de médias, é preciso considerar que, por razões teóricas, alguns testes são protegidos, outros não.

Testes protegidos só podem comparar as médias se o valor *F* for significante a determinado nível. *Testes não protegidos* podem comparar as médias mesmo que o resultado do teste *F* seja não significante.

Os testes de Tukey e de Dunnett para comparação de médias podem ser aplicados sem proteção, isto é, mesmo que o resultado do teste *F* da análise de variância seja não significante. O teste de Scheffé, ao contrário, é protegido, ou seja, só pode ser aplicado se o resultado do teste *F* da análise de variância for significante.

5.2.2. Nível de significância para experimentos e nível de significância para comparação de médias

Nível de significância de um teste, quando estamos tratando testes de médias, é a probabilidade de rejeitar a hipótese de que as médias são iguais, quando essa hipótese é verdadeira. Em outras palavras, *nível de significância* é a probabilidade de o teste apontar, erradamente, que médias iguais são diferentes.

Os pesquisadores (e as revistas científicas) sempre buscam significância, ou seja, sempre querem concluir que há diferença entre os parâmetros que comparam. Mas a literatura de estatística oferece uma grande quantidade de testes de médias e o pesquisador precisa, ainda, escolher entre:

- um teste que mantenha o *nível de significância para experimentos* (*experimentwise Type I error rate ou familywise Type I error rate*) e
- um teste que mantenha o *nível de significância para comparação de médias* (*comparisonwise Type I error rate*).

Vamos entender isso com um exemplo. Imagine um experimento para comparar três tratamentos, A, B e C. São possíveis *três* comparações de médias, duas a duas: A com B, A com C, B com C. Se forem feitos *dez* experimentos com o mesmo delineamento, são possíveis:

- 10 análises de variância
- $3 \times 10 = 30$ comparações de médias.

Esses dez experimentos serão submetidos à análise estatística no nível de significância de 10%. O Esquema 5.1 lista as comparações das médias, duas a duas, nos dez experimentos. Imagine agora que as *médias verdadeiras* (os parâmetros) dos tratamentos A, B e C são *iguais*. Neste caso, a análise estatística que apontar *diferenças significantes de médias* levará a uma conclusão errada.

Mas um teste de comparação de médias que mantenha o *nível de significância para experimentos* em 10% tem probabilidade de apontar, erradamente, diferenças significantes de médias em *um de cada 10 experimentos*.

Esse erro pode aparecer na comparação dos tratamentos A e B, ou na comparação de A com B e B com C, ou nas três comparações de médias. Mas - importante - *todos os erros ocorreriam em um só experimento*. De cada grupo de dez experimentos, a chance é de que apenas um dê resultado errado. Só 10% dos experimentos têm a probabilidade de chegar a uma conclusão errada.

Esquema 5.1. Dez experimentos para a comparação de três médias, duas a duas

Experimento	Comparação		
	A-B	A-C	B-C
1	*	*	*
2	*	*	*
3	*	*	*
4	*	*	*
5	*	*	*
6	*	*	*
7	*	*	*
8	*	*	*
9	*	*	*
10	*	*	*

Um teste que mantenha o *nível de significância para comparação de médias* em 10% tem probabilidade de apontar, erradamente, diferenças significantes de médias (que são iguais) em *três de cada 30 comparações* de médias. Essas três comparações erradas podem estar localizadas em um experimento, mas também podem estar distribuídas por dois, ou até três experimentos. Isso significa que, de cada dez experimentos, até 30% têm a probabilidade de chegar à conclusão errada.

Imagine agora que você vai conduzir dez experimentos com o mesmo delineamento para comparar 20 tratamentos. Em cada experimento são possíveis 190 comparações de médias, duas a duas[8]. Em 10 experimentos, são possíveis $10 \times 190 = 1900$ comparações de médias. Imagine agora que as médias verdadeiras (os parâmetros) são iguais entre si.

[8] Combinação de 20, 2 a 2.

Se, para comparar as médias, você aplicar um teste que mantem o *nível de significância para experimentos* em 10%, a chance é apontar, erradamente, diferenças significantes de médias em *um de cada dez experimentos.*

No entanto, se você aplicar um teste que mantem o *nível de significância para comparação* de médias em 10%, terá a chance de apontar, erradamente, diferenças significantes de médias em até 10% das 1900 comparações de médias, ou seja, em 190 delas, que poderão estar distribuídas pelos dez experimentos. O nível de significância para experimentos pode, portanto, chegar a 100%.

Fixar o nível de significância para experimentos é mais rigoroso do que fixar o nível de significância para comparação de médias. Quanto maior for o número de tratamentos, maior será a diferença entre os resultados de testes que mantêm o nível de significância para experimentos e os resultados de testes que mantêm o nível de significância para comparação de médias. O nível de significância para experimentos só é igual ao nível de significância para comparação de médias quando o experimento tem dois tratamentos (cada experimento permite apenas uma comparação de médias).

Os testes apresentados aqui (teste de Tukey, teste de Dunnett, teste de Scheffé) mantem o *nível de significância para experimentos* em 5%. O *nível de significância para comparação de médias* será, porém, menor do que 5%. Esses testes são, por conta disso, ditos *conservadores*[9], pois têm *menor* probabilidade de chegar a um resultado significante. Veja a Figura 5.1.

A quase totalidade dos estatísticos que trabalha na área de ciências agrárias considera que, nos testes de comparações múltiplas, o certo é diminuir o nível de significância; opta, portanto, pelos testes conservadores apresentados aqui, com níveis de significância de 5% ou, até mesmo, 1%. Mas diminuir o nível de significa diminuir o poder do teste.

Poder do teste é a probabilidade de rejeitar a hipótese de que as médias são iguais, quando elas são diferentes. Em certas circunstâncias, em que o importante é distinguir tratamentos, aplicar testes mais poderosos é vantajoso[10]. Dois dos testes mais poderosos, o teste de Fisher e teste de Duncan, são apresentados no Capítulo 11 deste livro. Mas você também pode optar por um teste de Tukey a 10%.

---

[9] Testes conservadores têm menor probabilidade de rejeitar a hipótese da nulidade. Se a proposta é comparar um novo tratamento contra o convencional, o teste conservador tem menor probabilidade de aceitar o novo tratamento.

[10] Veja uma boa discussão em:
KEMP, K. E Multiple Comparisons: Comparisonwise Versus Experimentwise Type I Error Rates and Their Relationship to Power. Disponível em: https://www.journalofdairyscience.org/article/S0022-0302(75)84722-9/pdf. Acesso em:14 de maio de 2021.

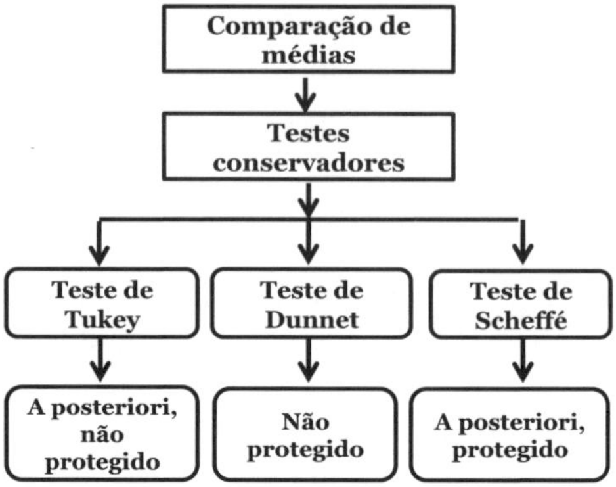

Figura 5.1. Testes de médias

5.3. Adendo ao Teste de Tukey

5.3.1. Amplitude Estudentizada

Muitos pesquisadores se perguntam o que significa amplitude *estudentizada*, palavra que não aparece no dicionário. Vamos explicar, mas é preciso um pouco de teoria.

Seja Y uma variável aleatória com distribuição normal de média μ e desvio padrão σ. Uma amostra de tamanho r dessa variável fornece uma estimativa s do desvio padrão σ. Se os dados dessa amostra forem organizados em ordem crescente, você acha facilmente o *valor máximo* e o *valor* mínimo. A diferença entre esses dois valores é a *amplitude*, que tem a mesma unidade de medida dos dados. Dividindo a amplitude pelo desvio padrão, você obtém a amplitude *estudentizada q,* adimensional porque as unidades de medida da amplitude e do desvio padrão são as mesmas. Então:

$$q = \frac{y_{max} - y_{min}}{s}$$

Nessa fórmula:

- $y_{max} - y_{min}$ é a amplitude
- s é desvio padrão.

Imagine agora que você tem t amostras de tamanho r da variável aleatória Y. Cada amostra fornece uma estimativa da média μ e uma estimativa da variância σ^2 como mostra a Tabela 5.10.

Tabela 5.10. Médias e variâncias de *t* amostras

Amostra			
1	2	...	t
$\bar{y}_1$	$\bar{y}_2$		$\bar{y}_t$
s_1^2	s_2^2		s_t^2

A amplitude das médias das *t* amostras é

$$\bar{y}_{max} - \bar{y}_{min}$$

A variância ponderada s_p^2 das variâncias s_i^2 ($i = 1, 2, \dots, t$) das amostras é a média das variâncias fornecidas por cada uma das *t* amostras.

$$s_p^2 = \frac{s_1^2 + s_2^2 + \cdots + s_t^2}{t}$$

Então, a estimativa da variância da amplitude estudentizada das *t* médias independentes é

$$V(\bar{y}_{max}) + V(\bar{y}_{min}) = 2\frac{s_p^2}{r}$$

A distribuição da amplitude estudentizada é conhecida há bastante tempo. Depende do número de amostras e do número de graus de liberdade associados à estimativa da variância ponderada, em determinado nível de significância. Então:

$$q_{\alpha,t,n-t} = \frac{\bar{y}_{max} - \bar{y}_{min}}{\sqrt{\frac{2s_p^2}{r}}}$$

John W. Tukey, um dos grandes estatísticos do século XX, considerava "cientificamente desonesto" fazer uma análise de variância e depois aplicar o teste *LSD* de Fisher para comparar médias duas a duas, uma vez que o erro tipo I aumenta com o número de médias em comparação[11]. Ele propôs então a diferença honestamente significante (*Honestly Significant Differences*), a *HSD*.

Mas é importante notar: para calcular a diferença honestamente significante (*honestly significant difference*), ou seja, a diferença que deve haver

[11] Beck,K. What Is the Tukey HSD Test? Disponível em: https://sciencing.com/what-is-the-tukey-hsd-test-12751748.html. Acesso em 5 de abril de 2019.

entre duas médias para que elas possam ser consideradas estatisticamente diferentes a determinado nível de significância, a fórmula é:

$$HSD = q_{\alpha,t,n-t}\sqrt{\frac{QMR}{r}}$$

Nessa fórmula, a variância ponderada das amostras é estimada pelo quadrado médio do resíduo *QMR* da análise de variância, que está associado a *n-t* graus de liberdade. Mas o valor de $q_{\alpha,t,n-t}$ incorpora a $\sqrt{2}$. É a amplitude estudentizada *q* de Tukey.

As tabelas que exibem a distribuição da amplitude estudentizada *q* de Tukey são mais comuns, mas também há tabelas que exibem a distribuição da amplitude estudentizada *q* sem estar multiplicado por $\sqrt{2}$. Ocorrem as duas formas em tabelas. Então preste atenção, porque elas usam *o mesmo símbolo*.

5.4. Resumo

Teste de Tukey ou *teste das diferenças honestamente significantes* permite fazer todas as comparações de *médias, duas a duas* (*pairwise comparisons*). É um teste *a posteriori* ou *post-hoc*.

Teste de Dunnett ou *teste das comparações múltiplas de Dunnett* compara as médias de grupos tratados com a média do grupo controle.

Teste de Scheffé ou *teste da diferença completamente significante* compara quaisquer contrastes de médias. É um teste *a posteriori* ou *post-hoc*.

Contraste de médias é uma função linear de médias em que a soma algébrica de seus coeficientes é igual à zero.

Teste protegido só compara as médias se o valor *F* for significante a determinado nível. É o caso do teste de Scheffé. *Teste não protegido* compara as médias qualquer que seja o resultado do teste *F*. Os testes de Tukey e de Dunnett são não protegidos.

Amplitude é a diferença entre o *valor máximo* e o *valor mínimo* de um conjunto de dados. Dividindo a amplitude pelo desvio padrão *s*, você obtém a *amplitude estudentizada,* que é adimensional.

5.5. Exercícios

1. Aplique o teste de Tukey para comparar as médias dos tratamentos apresentados em seguida.

Dados obtidos em um experimento (fictício)

Tratamento				
A	B	C	D	E
12	11	8	15	16
13	8	11	17	17
10	7	13	17	19
13	9	12	17	16
13	9	12	14	16
11	10	10	16	18

2. Compare as médias dos pesos líquidos das marcas comerciais estudadas no exercício 3 do Capítulo 3, usando o teste de Tukey. Os dados estão repetidos aqui. A análise de variância resultou em $F = 7{,}407$, p-valor = 0,00249.

Pesos, em gramas, segundo a marca comercial do produto

Marca comercial			
A	B	C	D
117	115	118	125
120	110	123	121
114	116	119	123
119	115	122	118
115	114	118	118

3. Faça a análise de variância dos dados apresentados na tabela a seguir. Depois, compare as médias dos tratamentos A e B com a média da testemunha, usando o teste de Dunnett.

Dados obtidos em um experimento (fictício)

Tratamento		
A	B	Testemunha
45	48	60
90	69	78
79	57	77
82	70	97

4. Dado o exercício anterior, aplique o teste de Scheffé.
5. Com os dados apresentados a seguir, verifique que todos os procedimentos aprendidos até aqui para a comparação de médias (teste F ,Tukey, Dunnet e Scheffé) fornecem, nesse caso particular de dois tratamentos, a mesma conclusão.

Dados obtidos em um experimento (fictício)

Grupo	
Tratado	Controle
6	7
5	9
7	6
3	7
5	6
2	6
4	9
8	6

CAPÍTULO

6

Delineamento em Blocos Completos

Se você tiver unidades experimentais em número suficiente para conduzir um experimento, mas elas apresentarem certa heterogeneidade, ou se forem desiguais as condições em que serão instaladas, a opção certa é o delineamento em blocos. Reúna as unidades experimentais similares em grupos – os chamados blocos. As unidades dentro de um mesmo bloco devem ser tão similares quanto possível, mas deve haver diferença entre os blocos.

▶ Exemplo de delineamento em blocos ao acaso

Para avaliar o uso de quatro programas de luz (tratamentos) sobre desempenho e comportamento de suínos em fase de terminação, foi conduzido um experimento com 32 suínos que estavam nessa fase[1]. Os animais foram alojados em grupos de dois em cada baia (unidade experimental) e distribuídos em blocos, de acordo com o peso inicial.

6.1. Análise dos Dados

Dados coletados precisam ser organizados em uma tabela, para facilitar a análise e a necessária interpretação. Imagine então que para comparar a produtividade média de quatro cultivares de soja, que chamaremos de A, B, C e D, você fez um experimento em uma área que comportava 20 parcelas. Como essa área tem leve inclinação, você considerou que, devido ao fluxo

[1] Ferreira, R.A.; Fassani, E.J.; Ribeiro, B.P.V.B.; Oliveira, R.F. Cantarelli,V.S. Programas de luz para suínos em crescimento. • Rev. bras. saúde prod. anim. 17 (2) • Apr-Jun 2016 • https://doi.org/10.1590/S1519-99402016000200014

gravimétrico de nutrientes, a fertilidade do solo no topo seria menor que a do solo da baixada. Então organizou cinco blocos, cada um com quatro parcelas de mesmo tamanho, para as quais sorteou os quatro cultivares.

A Tabela 6.1 apresenta os dados obtidos, segundo o tratamento (cultivar) e o bloco (construído levando em conta a fertilidade do solo).

Tabela 6.1. Produtividade de soja em kg/are segundo o cultivar e o bloco (dados fictícios)

	Cultivar			
Bloco	A	B	C	D
I	34	26	37	23
II	26	37	45	28
III	33	42	39	30
IV	36	34	41	37
V	31	36	53	32

Usando um software, você obtém as estatísticas apresentadas na Tabela 6.2 e na Figura 6.1.

Tabela 6.2. Número de repetições, médias e desvios padrões por cultivar

	Cultivar			
Estatística	A	B	C	D
Nº de repetições	5	5	5	5
Média	32	35	43	30
Desvio padrão	3,81	5,83	6,32	5,15

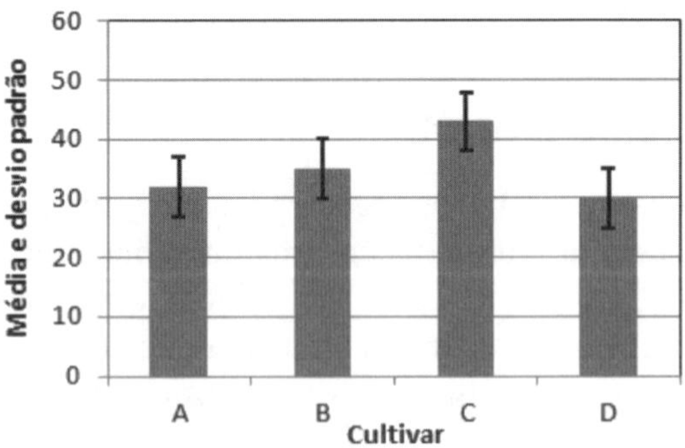

Figura 6.1. Médias e desvios padrões por cultivar

Mas você quer saber até que ponto as diferenças observadas entre as médias dos cultivares são suficientemente grandes para serem tomadas como evidência de que há diferença significante entre eles. Precisa, então, da *análise de variância.*

6.1.1. Análise de Variância

Para fazer uma análise de variância, é preciso satisfazer algumas pressuposições. Vimos, no Capítulo 4, que os erros devem ser *independentes, com distribuição normal e variâncias constantes*. Nos delineamentos em blocos, há mais uma pressuposição a ser atendida: o modelo é obrigatoriamente aditivo, isto é, não deve haver interação entre tratamentos e blocos. Vamos discutir um pouco mais essa pressuposição nos capítulos subsequentes, mas, por ora, vamos entender que não há interação quando os tratamentos são igualmente afetados por todos os blocos.

Lembre-se do exemplo: você optou por delineamento em blocos porque a área em que planejou conduzir o experimento tem leve inclinação e você considerou que a fertilidade do solo no topo é menor que na baixada. Parece razoável pressupor que cultivares que derem respostas melhores no solo mais fértil serão os mesmos que darão respostas melhores no solo menos fértil. O modelo é, portanto, aditivo, porque à resposta dos cultivares é somada o efeito da fertilidade do solo.

Vamos então supor que os dados apresentados na Tabela 6.1 atendem às pressuposições exigidas para uma análise de variância[2]. O nível de significância será 5%. A análise está na Tabela 6.3.

Tabela 6.3. Análise de variância dos dados da Tabela 6.1

Causa de variação	GL	SQ	QM	*F*	*p*- valor
Cultivares	3	490	163,33	6,53	0,007
Blocos	4	160	40,00		
Resíduo	12	300	25,00		
Total	19	950			

[2] Se você acredita que possa haver interação, faça o teste de Tukey para aditividade (*Tukey's Test for Additivity*).

O *p*-valor é 0,004. Então você pode escrever:

> Com base no resultado da análise de variância, pode-se afirmar que pelo menos um cultivar tem, em média, produtividade diferente dos demais (*p-valor* = 0,007).

Mas qual cultivar, ou quais cultivares têm maior produtividade? Para comparar médias, duas a duas, faça o teste de Tukey. O nível de significância será 5%. Os resultados estão apresentados na Tabela 6.4.

Tabela 6.4. Comparação das médias de produtividade de soja em kg/are, segundo o cultivar

Cultivar	Média	Significância	
C	43	a	
B	35	a	b
A	32		b
D	30		b

Nota: Letras minúsculas diferentes indicam diferenças significantes no nível de significância de 0,05.

Vendo os resultados apresentados na Tabela 6.4, você pode escrever:

> Com base no teste de Tukey, pode-se afirmar que, no nível de 5% de significância, o cultivar C tem, em média, produtividade maior do que os cultivares A e D.

O software de estatística vai apresentar também o coeficiente de variação e o coeficiente de determinação. Então:

$$CV = \frac{\sqrt{QMR}}{\bar{\bar{y}}} \times 100 = \frac{\sqrt{25,00}}{35} \times 100 = 14,3\%$$

$$R^2 = \frac{SQTR}{SQR} = \frac{490}{950} \times 100 = 51,6\%$$

O valor do coeficiente de variação mostra razoável precisão relativa, em se tratando de experimento de campo. No entanto, esse valor teria que ser comparado com os valores obtidos de experimentos similares. O valor do coeficiente de determinação é baixo. Pouco mais de 50% da variação total foi explicada pela variação devida aos cultivares.

Vimos aqui uma análise de dados obtidos de experimento em que cada tratamento é designado *uma única vez* para cada bloco. Mas podem ser feitos experimentos em que cada tratamento é designado mais de uma vez para o mesmo bloco. Veremos isso no Capítulo 7.

6.2. Considerações sobre a Organização de Blocos

Nas ciências agrárias, as causas de variação são múltiplas e complexas. Se você pretende conduzir um experimento nessa área, precisa estudar o material experimental e as condições ambientais. É lógico optar por um delineamento em blocos sempre que encontrar alguma heterogeneidade, nas parcelas ou no ambiente.

O delineamento em blocos *elimina uma causa de variação – quando ela existe*. Quando você elimina uma causa de variação, o quadrado médio do resíduo da análise de variância diminui. Isso faz aumentar o valor de F, ou seja, torna o teste mais capaz para detectar diferenças entre médias de tratamentos. Logo, quanto maior é a variabilidade entre os blocos, mais eficiente será o delineamento.

Por conta disso, todo fator que possa introduzir variabilidade no material em experimentação deve ser jogado *entre* blocos, nunca *dentro* dos blocos. Por exemplo, se você controlou a heterogeneidade na fertilidade do solo organizando blocos, não se esqueça de controlar também outras variáveis que podem, eventualmente, afetar os resultados. Então, organize por bloco: as práticas agrícolas, as datas de colheita, as medições etc..

Mas lembre-se: para optar por um delineamento em blocos, é essencial que haja variabildade no material experimental ou nas condições do ambiente. Você *não* deve delinear o experimento em blocos se as parcelas forem homogêneas. Se assim o fizer, o experimento perderá em eficiência.

Para entender porque ocorre *perda de eficiência*, imagine que um pesquisador fez um experimento em blocos, mesmo tendo parcelas homogêneas. Se tivesse feito, acertadamente, um experimento com delineamento completamente ao acaso, o número de graus de liberdade do resíduo na análise de variância seria:

$$t \times (r - 1)$$

Como o pesquisador optou pelo delineamento em blocos, o número de graus de liberdade do resíduo na análise de variância é:

$$(t - 1) \times (r - 1)$$

O número de graus de liberdade do resíduo diminuiu. Então o *uso incorreto* de delineamento em blocos (quando indicado é um delineamento completamente ao acaso) levou a uma *perda no número de graus de liberdade no resíduo* da análise de variância. Veja:

$$[t \times (r-1)] - [(t-1) \times (r-1)] = r - 1$$

Você pode estar se perguntando: por que uma perda de graus de liberdade no resíduo faz diminuir a eficiência da análise? Isto acontece porque o valor crítico de F aumenta quando diminui o número de graus de liberdade do denominador (no caso, o resíduo da análise de variância). Portanto, o delineamento *incorreto* em blocos – quando isso não é necessário – torna o teste F menos capaz para detectar diferenças de médias.

E se você estiver pensando que, se fizer um experimento com delineamento em blocos, mas achar depois que os blocos não eram necessários, os dados podem ser analisados como se fossem de um delineamento completamente ao acaso, está errado.

No delineamento completamente ao acaso, os tratamentos são designados às parcelas inteiramente ao acaso, enquanto que no delineamento em blocos, os tratamentos são designados às parcelas ao acaso, mas *dentro* de cada bloco. Então, a aleatorização é feita uma única vez no delineamento completamente ao acaso, mas tantas vezes no delineamento em blocos quantos forem os blocos.

Em resumo, para decidir entre o delineamento completamente ao acaso e o delineamento em blocos, estude o material e as condições de experimentação. Se houver uniformidade, é mais eficiente um delineamento completamente ao acaso. Se houver diversidade que possa ser controlada em uma só causa de variação, é mais eficiente um delineamento em blocos.

6.3. Considerações sobre o Teste *F* para Blocos

Em geral, não há qualquer interesse em aplicar um teste F para blocos. Os blocos são parte da estrutura do delineamento – e não um fator que está em experimentação. Afinal de contas, os blocos são organizados para remover a variabilidade associada às parcelas ou ao ambiente em que o experimento será instalado. Portanto, deve haver reais diferenças entre blocos.

A lógica é a seguinte: se você for delinear um experimento em área com gradiente de fertilidade da esquerda para a direita, precisa organizar blocos perpendiculares ao gradiente. Então o solo no bloco 1 difere, em termos de fertilidade, do solo dos outros blocos. A área que compõe o bloco 1 não foi sorteada, nem foi repetida em nenhum outro lugar dentro da área de experimentação. No entanto, para testar um fator é preciso repetição e casualização. Logo, tecnicamente, os blocos não podem ser testados em uma análise de variância.

Mas há opiniões divergentes[3]. Há quem considere que a razão[4] QMB/QMR pode ser usada para estabelecer se o uso de blocos foi adequado. Argumenta-se que, se os blocos forem organizados para controlar uma causa de variação questionável (p. ex., o efeito de canteiros sobre a produtividade de uma hortaliça), o cálculo do valor de F para blocos pode ser útil. Um valor alto de F sugereria que o uso de blocos foi eficaz no controle de uma causa de variação duvidosa. Esse resultado permitiria estabelecer conclusão que seria útil em decisões futuras para novos experimentos nas mesmas condições.

Mas o fato é que o objetivo da blocagem não é comparar o Bloco 1 ao Bloco 2. Se você estiver interessado no desempenho de uma determinada variedade em diferentes tipos de solo, "tipo de solo" deve ser tomado como um fator[5] no experimento – e não um bloco.

*6.4. Fórmulas de Cálculo

O usuário de estatística tem um software para fazer os cálculos. Mas trabalhar um pouco com as fórmulas é sempre um bom exercício intelectual. Faça os cálculos e procure o valor de F em uma tabela.

Para acompanhar as fórmulas, observe a Tabela 6.5. A soma dos dados de um mesmo tratamento constitui o *total* desse tratamento. A soma dos dados do mesmo bloco constitui o *total* desse bloco. A soma dos totais dos t tratamentos, igual à soma dos totais dos r blocos é o total geral. O ensaio tem $n = t \times r$ unidades.

Tabela 6.5 Um experimento em blocos ao acaso

	Tratamento				
Repetição	1	2	...	t	Total
1					B_1
2					B_2
⋮					⋮
r					B_r
Total	T_1	T_2	...	T_t	G

[3] Estamos vendo aqui a questão de blocos estabelecidos pelo pesquisador. No Capítulo 8, serão vistos os blocos de efeitos aleatórios.

[4] Veja a fórmula, seria um "teste" F.

[5] Veja Experimentos fatoriais no Capítulo 9.

Para fazer a análise de variância de um experimento em blocos com t tratamentos e r blocos, em que t x $r = n$, é preciso calcular as seguintes quantidades:

a) Graus de liberdade:
de tratamentos: $(t - 1)$
de blocos: $(r - 1)$
do total: $(t \times r - 1)$ em que $t \times r = n$
do resíduo: $(t \times r - 1) - (t - 1) - (r - 1) = (t - 1)(r - 1)$

b) Valor de C, dado pelo total geral elevado ao quadrado, dividido pelo número de observações. O valor C é conhecido como *correção*:

c) $$C = \frac{(\sum_i^t \sum_j^r y_{ij})^2}{n}$$

d) Soma de quadrados total

$$SQT = \sum_i^t \sum_j^r y_{ij}^2 - C$$

e) Soma de quadrados de tratamentos

$$SQTR = \sum_i^t \frac{1}{r} \left(\sum_j^r y_{ij} \right)^2 - C$$

f) Soma de quadrados de blocos

$$SQB = \sum_j^r \frac{1}{t} \left(\sum_i^t y_{ij} \right)^2 - C$$

g) Soma de quadrados de resíduo

$$SQR = SQT - SQB - SQTR$$

h) Quadrado médio de tratamentos

$$QMTR = \frac{SQTR}{t - 1}$$

i) Quadrado médio de blocos

$$QMB = \frac{SQB}{r - 1}$$

j) Quadrado médio de resíduo

$$QMR = \frac{SQR}{(t-1)\,(r-1)}$$

k) Valor de F para tratamentos:

$$F = \frac{QMTR}{QMR}$$

Os resultados obtidos são apresentados em uma tabela de análise de variância (ANOVA *table*) como a Tabela 6.6.

Tabela 6.6. Análise de variância de um experimento em blocos

Causa de variação	GL	SQ	QM	F
Tratamentos	$t-1$	$SQTR$	$QMTR$	F
Blocos	$r-1$	SQB	QMB	
Resíduo	$(t-1)\,(r-1)$	SQR	QMR	
Total	$n-1$	SQT		

6.4.1. Um Exemplo Numérico

Vamos fazer a análise de variância dos dados apresentados na Tabela 6.1. Nesse exemplo, $t = 4$, $r = 5$, $n = 20$. É preciso calcular:

a) Graus de liberdade
de tratamentos: $t - 1 = 4 - 1 = 3$
de blocos: $r - 1 = 5 - 1 = 4$
do total: $n - 1 = 20 - 1 = 19$
do resíduo: $(t - 1)(r - 1) = (4 - 1)(5 - 1) = 12$

b) Correção

$$C = \frac{(34 + 26 + \cdots + 32)^2}{20} = \frac{(700)^2}{20} = 24.500$$

c) Soma de quadrados total (SQT)

$$SQT = (34^2 + 26^2 + \cdots + 32^2) - 24.500 = 950$$

d) Soma de quadrados de tratamentos (*SQTR*), que você obtém calculando, primeiramente, os totais de tratamentos, como mostra a Tabela 6.7.

Tabela 6.7. Totais de tratamentos

Bloco	Cultivar			
	A	B	C	D
I	34	26	37	23
II	26	37	45	28
III	33	42	39	30
IV	36	34	41	37
V	31	36	53	32
Total de tratamento (T)	**160**	**175**	**215**	**150**

$$SQTR = \frac{(160)^2 + (175)^2 + (215)^2 + (150)^2}{5} - 24.500 = 490$$

e) Soma de quadrados de blocos (*SQB*), que você obtém calculando, primeiramente, os totais de blocos como mostra a Tabela 6.8.

Tabela 6.8. Totais de blocos

Bloco	Cultivar				Total de bloco (*B*)
	A	B	C	D	
I	34	26	37	23	**120**
II	26	37	45	28	**136**
III	33	42	39	30	**144**
IV	36	34	41	37	**148**
V	31	36	53	32	**152**

$$SQB = \frac{(120)^2 + (136)^2 + (144)^2 + (148)^2 + (152)^2}{4} - 24.500 = 160$$

f) Soma de quadrados de resíduo (*SQR*)

$$SQR = SQT - SQTR - SQB = 950 - 490 - 160 = 300$$

g) Quadrado médio de tratamentos (*QMTR*)

$$QMTR = \frac{SQTR}{t-1} = \frac{490}{3} = 163{,}33$$

h) Quadrado médio de blocos (*QMB*)

$$QMB = \frac{SQB}{r-1} = \frac{160}{4} = 40$$

i) Quadrado médio de resíduo (*QMR*)

$$QMR = \frac{SQR}{(t-1)(r-1)} = \frac{300}{3 \times 4} = 25$$

h) Valor de *F*

$$F = \frac{QMTR}{QMR} = \frac{163{,}33}{25} = 6{,}53$$

Esses resultados estão apresentados na Tabela 6.3.

6.4. Resumo

Organizar blocos significa juntar as unidades experimentais similares para formar grupos tão homogêneos quanto possível – os chamados blocos.

Fazer balanceamento significa designar cada tratamento igual número de vezes para todos os blocos (p. ex., cada tratamento é designado uma só vez para cada bloco). Os blocos são ditos balanceados.

A análise de variância perde eficiência se for conduzido um experimento em blocos, quando isso não é necessário.

Não faça teste *F* para blocos porque os blocos foram construídos para controlar as diferenças no material de experimentação. Não foram repetidos, nem sorteados.

Para aqueles interessados em estatística.

A análise feita pressupõe que não existe interação entre tratamentos e blocos. O modelo é aditivo:

$$Y_{ij} = \mu + \tau_i + \beta_j + \varepsilon_{ij}$$

Pressuposições:

1. Erros são independentes
2. Erros têm variância homogênea.
3. Erros têm distribuição normal

6.5. Exercícios

1. Faça o delineamento de um experimento para comparar um conjunto de operações aritméticas usando cinco marcas comerciais de calculadoras e seis operadores. Considere cada operador como um bloco.

2. Faça a análise de variância dos dados apresentados na tabela a seguir.

Dados de um experimento (fictício)

Bloco	Tratamento		
	A	B	Controle
I	45	48	60
II	90	69	78
III	79	57	77
IV	82	70	97

3. Faça a análise de variância dos dados apresentados na tabela a seguir.

Dados de um experimento (fictício)

Bloco	Tratamento				
	A	B	C	D	E
I	83	86	103	116	132
II	63	69	79	81	98
III	55	61	79	79	91

4. Faça a análise de variância dos dados apresentados na tabela a seguir.

Dados de um experimento (fictício)

Bloco	Tratamento			
	A	B	C	D
I	4,00	4,00	5,52	3,76
II	4,48	4,72	4,72	4,00
III	4,16	5,28	5,44	4,32
IV	4,40	4,72	5,76	4,96
V	5,76	5,28	5,76	4,96

5. Aplique o teste de Tukey para comparar as médias obtidas no exercício 4.

CAPÍTULO

7

Mais Sobre Delineamentos Experimentais

Este Capítulo mostra o procedimento para a análise estatística de experimentos completamente ao acaso com número diferente de repetições por tratamento, de experimentos com tratamentos quantitativos e de experimentos em blocos completos com repetições.

7.1 Delineamento Completamente ao Acaso com Número Diferente de Repetições por Tratamento

A grande *vantagem dos* experimentos com delineamento completamente ao acaso é permitir ao pesquisador comparar tantos tratamentos quantos queira, usando número diferente de parcelas por tratamento, sem que isso acarrete maior dificuldade na análise estatística. Veja um exemplo.

▶ Exemplo de experimento com número diferente de repetições por tratamento

Para verificar se a utilização de determinados aditivos em rações para aves têm efeito sobre a produção de ovos, um pesquisador dispunha de 28 frangas poedeiras similares[1]. Todas as aves foram submetidas ao manejo usual

[1] Com base em: GAMA, N. M. S. Q.; OLIVEIRA M. B. C.; SANTIN, E.; BERCHIERI JUNIOR, A. Ácidos orgânicos em rações de poedeiras comerciais. Santa Maria: *Ciência Rural v. 30* (3): 499-502 2000.

em avicultura de postura e alimentadas com ração balanceada. Depois, o pesquisador sorteou seis frangas para submeter à ração com aditivo A, seis para submeter à ração com aditivo B, oito para submeter à ração com aditivo C e deixou as outras oito como controle (sem aditivo). Este é um *experimento completamente ao acaso com número diferente de repetições.* A Tabela 7.1 apresenta o número de ovos por poedeira, 35 dias após o início do experimento.

Tabela 7.1. Número de ovos por poedeira, 35 dias após o início do experimento (dados fictícios)

Aditivo			
A	B	C	Controle
25	24	25	20
21	24	25	17
29	31	22	23
21	32	22	16
29	32	18	20
25	31	18	17
		19	23
		19	16

7.1.1. Análise dos dados

Usando um software de estatística, você obtém as estatísticas apresentadas na Tabela 7.2.

Tabela 7.2. Número de repetições por tratamento, médias e desvios padrões para os dados da Tabela 7.1

Tratamento	Nº de repetições	Média	Desvio padrão
A	6	25	3,58
B	6	29	3,90
C	8	21	2,93
Controle	8	19	2,93

Com o mesmo software, você obtém a análise de variância que está na Tabela 7.3. O nível de significância será 5%.

Tabela 7.3. Análise de variância dos dados da Tabela 7.1.

Causa de variação	GL	SQ	QM	*F*	*p*-valor
Tratamentos	3	400	133,33	12,31	0,000
Resíduo	24	260	10,83		
Total	27	660			

A análise de variância permite concluir que pelo menos um dos tratamentos tem efeito maior do que os outros sobre a produção de ovos (p-valor = 0,000 < 0,05).

Para comparar a média do número de ovos de poedeiras que receberam aditivo com a média do controle, aplique o teste de Dunnett[2]. Com um software de estatística, você obtém os resultados apresentados na Tabela 7.4. Os resultados do teste de Dunnett mostram que, no nível de significância de 5%, as médias do número de ovos de poedeiras que receberam os aditivos A e B são maiores do que a média do controle.

Tabela 7.4. Comparações de médias pelo teste de Dunnett

Tratamento	N° de repetições	Média	Agrupamento
B	6	29	
A	6	25	
C	8	21	a
Controle	8	19	a

É usual que, vendo os resultados da análise de variância, você queira comparar médias, duas a duas. Se for essa a sua intenção, aplique o teste de Tukey[3]. Com o mesmo software de estatística, você obtém os resultados apresentados na Tabela 7.5. O teste de Tukey mostra que, no nível de significância de 5%, a média do número de ovos de poedeiras que receberam o aditivo B é maior que as médias de C e do controle. A média do número de

[2] Quando os tratamentos têm número diferente de repetições, a fórmula de cálculo para o teste de Dunnett exige uma correção, que também é feita na fórmula de cálculo para o teste de Tukey. Veja a Seção 11.5 do Capítulo 11.

[3] Quando os tratamentos têm número diferente de repetições, a comparação de médias duas a duas deve ser feita por uma generalização do teste de Tukey, muitas vezes referida como método de Tukey-Kramer. Este método é apresentado na Seção 11.1.5 do Capítulo 11.

ovos de poedeiras que receberam o aditivo A é maior do que a do controle. Em resumo, você pode concluir que, no nível de 5% de significância, o aditivo B levou à melhor resposta.

Tabela 7.5. Comparações de médias pelo teste de Tukey

Tratamento	Nº de repetições	Média	Agrupamento		
B	6	29	a		
A	6	25	a	b	
C	8	21		b	c
Controle	8	19			c

Devem ser também apresentados os valores do coeficiente de variação e do coeficiente de determinação. Para os dados da Tabela 7.1, o coeficiente de variação é 14,3%, que pode ser considerado um pouco alto. O coeficiente de determinação é 60,6%, ou seja, a maior parte da variação dos dados é explicada pelos tratamentos.

* 7.1.2. Fórmulas de Cálculo

Para proceder à análise de variância (ANOVA) de um experimento completamente ao acaso com número diferente de repetições nos t tratamentos, faça os cálculos da maneira já apresentada no Capítulo 3, com exceção da soma de quadrados de tratamentos. Observe a Tabela 7.6, para ver como se calcula essa soma de quadrados.

Tabela 7.6 Experimento completamente ao acaso com número diferente de repetições

	Tratamento			
Repetição	**1**	**2**	**...**	***t***
1				
2				
.				
.				
.				
Nº de repetições	r_1	r_2		r_t
Total	T_1	T_2		T_t

A soma de quadrados de tratamentos é dada pela fórmula:

$$SQTR = \sum_i^t \frac{1}{r_i}\left(\sum_j^{r_i} y_{ij}\right)^2 - C$$

em que C é a correção calculada na forma descrita no Capítulo 3.

7.1.2.1. Exemplo numérico

Todos os cálculos para proceder à análise de variância dos dados apresentados na Tabela 7.1[4] são feitos pelas fórmulas já apresentadas no Capítulo 3 deste livro. Vamos mostrar aqui apenas os cálculos para obter graus de liberdade e soma de quadrados de tratamentos. A análise de variância e as conclusões foram dadas na seção anterior

a) os graus de liberdade
do total: $n - 1 = 27$
de tratamentos: $t - 1 = 3$
do resíduo: $n - t = 24$

b) o valor de C

$$C = \frac{\left(\sum_i^t \sum_j^{r_i} y_{ij}\right)^2}{n} = \frac{(25 + 21 + ... + 16)^2}{28} = 14.812$$

c) Soma de quadrados de tratamentos

$$SQTR = \frac{\sum_j^{r_1} T_1^2}{r_1} + \frac{\sum_j^{r_2} T_2^2}{r_2} + ... + \frac{\sum_j^{r_t} T_t^2}{r_t} - C =$$

$$= \frac{150^2}{6} + \frac{174^2}{6} + \frac{168^2}{8} + \frac{152^2}{8} - 14.812 = 400$$

7.2. Delineamento Completamente ao Acaso com Variável Independente Quantitativa

Vimos, no Capítulo 1, que a variável independente deve ser qualitativa, ou seja, os tratamentos devem se distinguir pela qualidade – não pela quantidade. Mesmo assim, alguns pesquisadores usam tratamentos quantitativos.

---

[4] Quando a variável dependente é contagem, recomenda-se transformar a variável para tornar as variâncias mais homogêneas. Não foi necessário neste exemplo, como mostram os resultados na Tabela 7.2. As variâncias (os quadrados dos desvios padrões) são similares.Veja como transformar variáveis no Capítulo 12.

São *quantitativos* os tratamentos que se referem a níveis ou dosagens de um mesmo fator, ou seja, aqueles que se distinguem apenas pela *quantidade* do fator em teste[5].

▶ Exemplo de tratamento quantitativo

Pode ser feito um experimento aplicando os níveis 0, 4, 8, 12 e 16 toneladas de calcário por hectare na mesma lavoura, para saber que nível leva a melhor resposta. Os tratamentos (níveis de calcário) são quantitativos porque se diferenciam pela quantidade.

7.2.1. Análise dos dados

Imagine um experimento para comparar cinco doses de um produto. Os dados obtidos desse experimento estão apresentados na Tabela 7.7. A análise de variância, apresentada na Tabela 7.8, não mostrou diferença entre tratamentos (p-valor = 0,057). No entanto, essa análise *não* está correta porque os tratamentos são *quantitativamente* diferentes. Nesse caso, é indicada uma análise de regressão.

Tabela 7.7 Experimento completamente ao acaso com tratamentos quantitativos

Dose do produto				
1	2	3	4	5
3	5	8	9	12
4	9	10	13	11
8	13	12	17	16

Tabela 7.8. Análise de variância dos dados da Tabela 7.7

Causa de variação	GL	SQ	QM	*F*	*p*-valor
Doses do produto	4	132	33	3,30	0,057
Erro	10	100	10		
Total	14	232			

Veja a Figura 7.1. Os dados obtidos no experimento aumentam em função da dose do produto. Ainda, os dados se distribuem em torno de uma reta.

[5] Nesses casos, uma análise de regressão é mais indicada.

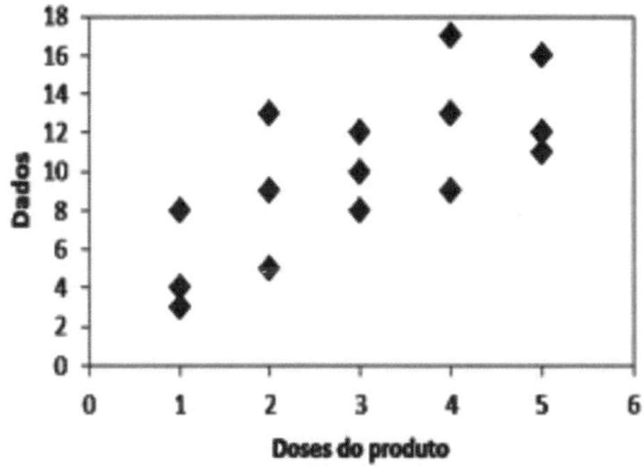

Figura 7.1. Dados de um experimento com tratamentos quantitativos

A reta de regressão, que você obtém usando um software, é:

$$\hat{Y} = 4 + 2X$$

É preciso, porém, verificar se a reta calculada é estatisticamente significante, ou seja, se a variável em estudo aumenta em função do aumento da dose do produto. Para isso, é preciso desdobrar a análise de variância. Usando um software de estatística, você obtém a análise apresentada na Tabela 7.9. A falta de ajustamento não é significante (p-valor = 0,756). Veja então o resultado para a regressão linear. O p-valor = 0,006 mostra ajuste significante da reta. Como o coeficiente angular da reta ajustada é positivo, você pode concluir que, no intervalo estudado, a variável em estudo aumenta com o aumento da dose do produto.

Tabela 7.8. Análise de variância dos dados da Tabela 7.7, considerando a regressão

Causa de variação	GL	SQ	QM	F	p-valor
Regressão	1	120	120	12	0,006
Falta de ajustamento	3	12	4	0,4	0,756
Doses do produto	4	132	33	3,3	0,057
Erro	10	100	10		
Total	14	232			

*7.2.2. Fórmulas de Cálculo

Para proceder à análise de variância (ANOVA) de um experimento com tratamentos quantitativos, em delineamento completamente ao acaso, faça os cálculos da maneira já apresentada no Capítulo 3. Depois, é preciso fazer a análise de regressão. Veja a Tabela 7.9.

Tabela 7.9. Experimento completamente ao acaso com tratamentos quantitativos

Dose do produto									
Dose 1		Dose 2		Dose 3		Dose 4		Dose 5	
X	*Y*	*X*	*Y*	*X*	*Y*	*X*	*Y*	*X*	*Y*
1	3	2	5	3	8	4	9	5	12
1	4	2	9	3	10	4	13	5	11
1	8	2	13	3	12	4	17	5	16

Para obter a reta de regressão:

Coeficiente angular

$$b = \frac{\sum xy - \dfrac{\Sigma x \, \Sigma y}{n}}{\sum x^2 - \dfrac{(\Sigma x)^2}{n}}$$

Coeficiente linear

$$a = \bar{y} - b\bar{x}$$

Para fazer a análise de regressão:

Graus de liberdade
de regressão: 1
de falta de ajustamento: $t - 1$

a) Soma de quadrados de tratamentos

$$SQREG = b\left(\sum xy - \frac{\Sigma x \, \Sigma y}{n}\right)$$

b) Soma de quadrados de falta de ajustamento

$$SQFALTA\ AJ. = SQTR - SQREG$$

7.2.2.1. Exemplo Numérico

A análise de variância dos dados apresentados na Tabela 7.7 é feita como mostrado no Capítulo 3. Para desdobrar a análise e apresentar a regressão, olhe a Tabela 7.9. Calcule os somatórios:

$$\Sigma x = 45 \qquad \Sigma x^2 = 165 \qquad \Sigma y = 150 \qquad \Sigma xy = 510$$

Então, o valor de b é dado por:

$$b = \frac{510 - \dfrac{45 \times 150}{15}}{165 - \dfrac{45^2}{15}} = 2$$

O valor de a é:

$$a = \frac{150}{15} - 2 \times \frac{45}{15} = 3$$

A soma de quadrados de regressão, com um grau de liberdade, é:

$$SQREG = 2 \times \left(510 - \frac{45 \times 150}{15}\right) = 120$$

A soma de quadrados de falta de ajustamento, com três graus de liberdade, é:

$$SQFALTA\ AJ. = 132 - 120 = 12$$

Foi dado aqui o ajuste de uma regressão linear simples aos dados de um experimento com delineamento completamente ao acaso com tratamentos quantitativos. Mas há muito mais o que estudar nesse assunto. Por exemplo, a regressão que mais bem se ajusta a determinados dados pode ser quadrática (uma parábola). Você vai precisar, então, de outras fórmulas de cálculo.

7.3. Experimentos em Blocos Completos com Repetições

Quando o material disponível para experimentação é heterogêneo, devem ser organizados blocos, para dar conta da situação. Se cada bloco acomodar diversas repetições dos tratamentos, o pesquisador pode conduzir um experimento com delineamento em blocos com repetições, também conhecido como blocos generalizados. Todos os tratamentos devem ser repetidos igual número de vezes, em todos os blocos. E é preciso cuidado: os blocos *não* podem ser tão grandes a ponto de haver heterogeneidade dentro de blocos.

A Tabela 7.10 apresenta os dados de um experimento, com dois tratamentos (A e B) e dois blocos (I e II), quatro repetições por tratamento e por bloco.

Tabela 7.10. Dados de um experimento (fictício) segundo os blocos e os tratamentos

	Tratamento	
Bloco	A	B
I	12	14
	8	16
	7	15
	5	13
II	3	11
	9	9
	5	10
	9	14

Usando um software, você obtém as estatísticas apresentadas na Tabela 7.11.

Tabela 7.11. Número de repetições, médias e desvios padrões por tratamento, dos dados da Tabela 7.10

	Tratamento	
Estatística	A	B
Nº de repetições	8	8
Média	7,25	12,75
Desvio padrão	2,87	2,49

As diferenças observadas entre as médias são suficientemente grandes para serem tomadas como evidência de que há diferença significante entre elas? É preciso uma *análise de variância.*

7.3.1. Análise de Variância

Para fazer uma análise de variância, é necessário satisfazer as pressuposições descritas no Capítulo 4: os erros devem ser *independentes, com distribuição normal e variâncias constantes*. Nos delineamentos em blocos, há mais uma pressuposição a ser atendida: o modelo deve ser aditivo, ou seja, a pressuposição é a de que não há interação entre tratamentos e blocos.

Admitindo como verdadeiras todas as pressuposições, a análise de variância dos dados apresentados na Tabela 7.10 está na Tabela 7.12. Existe diferença entre tratamentos (p-valor = 0,001).

Tabela 7.12. Análise de variância para os dados da Tabela 7.10

Causa de variação	GL	SQ	QM	*F*	*p*-valor
Tratamentos	1	121	121	20,70	0,001
Blocos	1	25	25		
Resíduo	13	76	5,8462		
Total	15	222			

A análise de variância apresentada na Tabela 7.12 só estará correta se for razoável considerar que *não existe interação entre tratamentos e blocos*. Pode ser feito o teste de aditividade de Tukey (*Tukey's test for additivity*). Este teste não será visto aqui, uma vez que, nesses casos, o usual é "desdobrar" a análise de variância. Vamos discutir um pouco mais o significado de interação.

7.3.2. Significado de Interação

Não há interação entre tratamentos e blocos se todos os tratamentos tiverem o mesmo comportamento em todos os blocos. Em outras palavras, se o tratamento A der melhor resultado em um dos blocos, também dará melhor resultado nos outros blocos.

Há interação entre tratamentos e blocos quando os tratamentos não dão os mesmos resultados em todos os blocos, ou seja, a resposta de cada tratamento depende do bloco em que foi locado.

Como exemplo, imagine um experimento fora da área de ciências agrárias, mas vivida por alunos e professores dessa área por conta da pandemia da Covid-19. Considere duas formas de ensino, isto é, remoto e presencial que, neste experimento, serão os dois tratamentos. Três professores serão tomados como blocos. As unidades experimentais são os alunos. A variável resposta será a nota obtida em uma prova no final de 15 dias, o tempo do experimento. Se fixarmos o número de alunos participantes da pesquisa em 5 por professor e por forma de ensino, serão 2 × 3 × 5 = 30 unidades experimentais. Este é um delineamento em blocos com repetições. Veja a Figura 7.2.

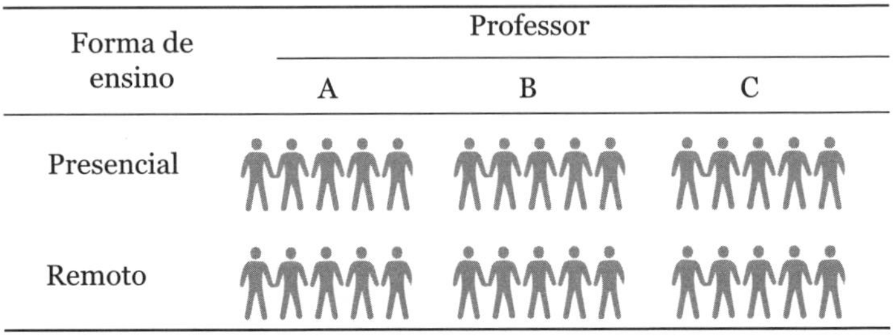

Figura 7.2. Delineamento de experimento em blocos com repetições

Para melhorar a qualidade do experimento, vamos eliminar variáveis de confusão. Então, nesse experimento, o material de ensino usado pelos professores será o mesmo, as provas serão iguais e os alunos estarão no mesmo curso. Vamos considerar ainda que as notas podem variar de zero a 10. Os gráficos da Figura 7.3 mostram o significado de interação. Veja que:

- No primeiro gráfico, *não há interação* porque, para os três professores, as médias das notas dos alunos em aulas presenciais foram maiores.
- No segundo gráfico, *há interação*: com o Professor A, a maior média foi obtida nas aulas presenciais; com o Professor B, as médias foram praticamente iguais nas duas formas de ensino e com o Professor C, a maior média foi obtida em aulas remotas.

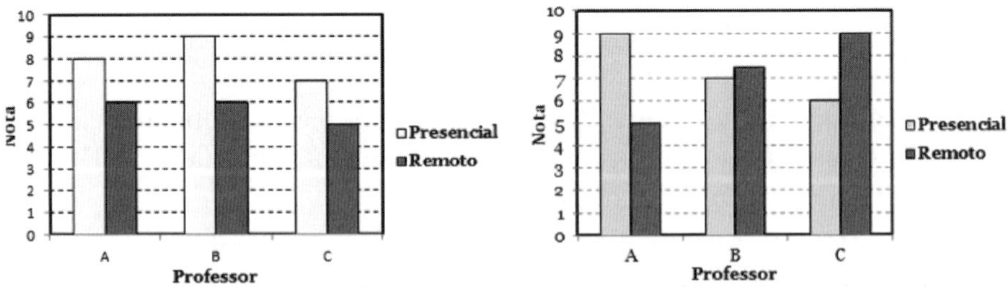

Figura 7.3. Significado de interação

Para discutir o assunto em termos de ciências agrárias, imagine que você quer comparar a produtividade de cinco variedades de arroz, que indicaremos por V_1, V_2, V_3, V_4, V_5. Para isso, dispõe de três áreas em locais diferentes, com diferentes teores de umidade. Cada área comporta pelo menos dez parcelas. Você pode então fazer o delineamento em blocos ao acaso, com duas repetições de tratamento por bloco.

Com base no que você sabe sobre as variedades e os locais de experimentação, você pode pressupor que não haverá interação, isto é, pode pressupor que a variedade que, em média, der melhor resultado em determinada área também dará melhor resultado nas outras áreas. Então está pressupondo que a melhor variedade será a melhor em todos os blocos, a segunda melhor será a segunda em todos os locais e assim por diante, com possíveis variações explicadas pelo acaso.

Mas se houver interação, isto é, se a variedade que der melhores resultados em determinado local não é a que dá bons resultados em outro, a análise feita sem considerar a interação pode levar á conclusão errada. O que se sugere, nesses casos, é desdobrar a análise de variância, ou seja, estabelecer uma nova causa de variação denominada interação, como veremos no Capítulo 8. Mas como neste exemplo os blocos não foram designados ao acaso, o teste *F* não é exato. O que deve ser feito, quando se presume interação entre, por exemplo, locais e variedades, é um experimento em esquema fatorial[6], considerando locais e variedades como fatores.

*7.4. Fórmulas de Cálculo

Veja a Tabela 7.12, onde estão indicados os resultados de um experimento com t tratamentos, r blocos e m repetições de cada tratamento dentro de cada bloco. O total de cada tratamento, indicado pela letra T_i, é a soma de $r \times m$ parcelas. O total de cada bloco, indicado pela letra B_j, é a soma de $t \times m$ parcelas. O total geral, indicado por G, é dado pela soma dos valores obtidos nas $n = t \times r \times m$ parcelas.

[6] Veja Capítulo 9 deste livro.

Tabela 7.12. Experimento em blocos ao acaso com repetições

Bloco	Tratamento 1	2	...	t	Total de bloco
1	1	1		1	
	2	2		2	
	⋮	⋮		⋮	B_1
	m	*m*		*m*	
2	1	1		1	
	2	2		2	B_2
	⋮	⋮		⋮	
	m	*m*		*m*	
r	1	1		1	
	2	2		2	B_r
	⋮	⋮		⋮	
	m	*m*		*m*	
Total de tratamento	T_1	T_2		T_t	G

Para fazer a análise de variância, é preciso calcular:

a) os graus de liberdade

do total: $(n-1)$

de tratamentos: $(t-1)$

de blocos: $(r-1)$

do resíduo: $(n-1)-(t-1)-(r-1)=n-t-r+1$

b) o valor de C

$$C=\frac{1}{n}\left(\sum_{i}^{t}\sum_{j}^{r}\sum_{k}^{m}y_{ijk}\right)^2$$

c) a soma de quadrados total

$$SQT=\sum_{i}^{t}\sum_{j}^{r}\sum_{k}^{m}y^2_{ijk}-C$$

d) a soma de quadrados de tratamentos

$$SQTR = \frac{1}{rm} \sum_{i}^{t} \left(\sum_{j}^{r} \sum_{k}^{m} y_{ijk} \right)^2 - C$$

e) a soma de quadrados de blocos

$$SQB = \frac{1}{tm} \sum_{j}^{r} \left(\sum_{i}^{t} \sum_{k}^{m} y_{ijk} \right)^2 - C$$

f) a soma de quadrados do resíduo

$$SQR = SQT - SQTR - SQB$$

g) o quadrado médio de tratamentos

$$QMTR = \frac{SQTR}{t-1}$$

h) o quadrado médio de blocos

$$QMB = \frac{SQB}{r-1}$$

i) o quadrado médio do resíduo

$$QMR = \frac{SQR}{n-t-r+1}$$

j) o valor de *F* para tratamentos

$$F_{TR} = \frac{QMTR}{QMR}$$

7.5. Resumo

Na análise estatística de experimentos completamente ao acaso com número diferente de repetições por tratamento, todos os cálculos são feitos da maneira vista no Capítulo 3, com exceção da soma de quadrados de tratamentos, mostrada aqui.

A variável independente deve ser qualitativa, ou seja, os tratamentos devem se distinguir pela qualidade – não pela quantidade. Mesmo assim, alguns autores usam tratamentos quantitativos. Nesses casos, é preciso fazer uma análise de regressão.

Quando o material disponível para experimentação é heterogêneo, o pesquisador deve organizar blocos. Se cada bloco acomodar diversas repetições dos tratamentos, o pesquisador deve conduzir um experimento em blocos com repetições.

7.6. Exercícios

1. Faça a análise de variância dos dados apresentados em seguida. Depois, faça o teste de Dunnett.

Dados de um experimento (fictício)

Tratamento			
Controle	A	B	C
3	10	4	5
5	8	5	8
4	6	.	.

2. Faça o delineamento de um experimento para comparar a taxa de crescimento de sementes de feijão sob diferentes manejos de irrigação e diferentes doses de nitrogênio. Utilize três manejos de irrigação (blocos) e quatro doses de nitrogênio (tratamentos). Duas repetições do mesmo tratamento por bloco.

3. Faça a análise de variância dos dados apresentados em seguida.

Dados de um experimento (fictício)

Tratamento		
A	B	Controle
14	18	26
19	13	22
16	12	19
18	15	20
21	17	23
17		
21		
18		

4. No exercício anterior, aplique o teste de Tukey-Kramer. Dica: veja a fórmula na Seção 11.1.5 do Capítulo 11.

5. Faça a análise de variância, na forma dada neste Capítulo, dos dados apresentados em seguida.

Dados de um experimento (fictício)

	Tratamento	
Bloco	A	B
I	5	8
	7	10
II	6	9
	8	11
III	10	16
	12	18

CAPÍTULO 8

Efeitos Fixos e Efeitos Aleatórios em Delineamentos Experimentais

Neste Capítulo, vamos introduzir a ideia de efeitos aleatórios, que colocam em teste hipóteses diferentes daquelas testadas nos experimentos com tratamentos de efeitos fixos. Ainda, para estudar a *interação tratamentos* versus *blocos*, é preciso distinguir modelos de efeitos fixos de modelos de efeitos aleatórios[1].

8.1. Conceitos e Definições

Fatores têm *efeitos fixos* quando o pesquisador escolhe, ao planejar seu experimento, todos os tratamentos que quer comparar.

Fatores têm *efeitos aleatórios* quando o pesquisador escolhe, *ao acaso*, os tratamentos que irá comparar em seu experimento.

▶ Exemplo de efeitos fixos e de efeitos aleatórios

- Efeitos fixos: Quando um nutricionista escolhe cinco padarias (tratamentos ou fatores) para comparar a qualidade do pão que elas fabricam, está fazendo um experimento com tratamentos de *efeitos fixos*.
- Efeitos aleatórios: Quando um nutricionista escolhe cinco padarias (tratamentos ou fatores) ao acaso de uma lista das padarias de uma grande cidade para comparar a variabilidade da qualidade do pão que elas fabricam, está fazendo um experimento em que os efeitos de tratamentos são *aleatórios*.

---

[1] SCHEFFÉ, H. **The analysis of variance.** New York : Wiley, 1959.
MONTGOMERY, D. C. **Design and analysis of experiments.** 9 ed. New York : Wiley, 2017

Na literatura especializada da área de ciências agrárias, são mais encontrados experimentos com tratamentos de efeitos fixos. Aliás, muitos estatísticos preferem considerar que os tratamentos têm, sempre, efeitos fixos. No entanto, o certo é optar por "tratamentos de efeitos fixos" ou "tratamentos de efeitos aleatórios" em função da forma como o experimento foi planejado.

No caso dos delineamentos completamente ao acaso, embora a análise de variância seja feita da mesma maneira, *quer os efeitos sejam fixos ou aleatórios*, os objetivos do experimento e as conclusões obtidas são diferentes.

Tratamentos de efeitos fixos são aqueles escolhidos pelo pesquisador, que tem interesse em comparar apenas os efeitos dos tratamentos que escolheu. Tratamentos de efeitos aleatórios são aqueles tomados ao acaso de uma "população" de tratamentos porque o pesquisador quer estudar a variabilidade das respostas de toda essa "população" de tratamentos. O experimento inclui apenas uma amostra aleatória de tratamentos.

Quando os efeitos são fixos, a hipótese em teste é a de que os tratamentos têm médias iguais. As conclusões do pesquisador devem ser estendidas aos tratamentos que foram colocados em teste. Quando os efeitos são aleatórios, a hipótese em teste é a de que os tratamentos têm variâncias iguais. Como o interesse do pesquisador é estudar a "população" de tratamentos, as conclusões devem ser estendidas a toda essa "população" de tratamentos.

▶ Exemplos dos objetivos quando os tratamentos são de efeitos fixos e de efeitos aleatórios

- Efeitos fixos: Imagine um experimento conduzido com o objetivo de comparar a porcentagem de milho comum em três marcas comerciais de ração para ganho de peso de coelhos. A hipótese em teste é a de que as médias da porcentagem de milho comum são iguais nas três marcas comerciais de ração. Os efeitos de tratamentos (as marcas comerciais de ração) são fixos, porque as três marcas foram escolhidas pelo pesquisador. Na conclusão do experimento, nada se pode dizer sobre outras marcas.
- Efeitos aleatórios: Imagine um experimento conduzido com o objetivo de verificar se diferentes lotes (tratamentos) de certo produto (p. ex., café em grão cru em sacas de 60 kg) têm qualidade variável, definida pela porcentagem de grãos com defeitos (variável resposta). Se forem tomados ao acaso t lotes para avaliação, o experimento é completamente ao acaso com tratamentos de efeitos aleatórios. A hipótese em teste é a de que lotes diferentes têm a mesma variabilidade.

▶ Exemplos de conclusão quando os tratamentos são de efeitos fixos e quando são de efeitos aleatórios

- Efeitos fixos: Considere um experimento para medir o aumento da produtividade de grãos de soja com a aplicação de diferentes adubos. Se os adubos que serão comparados são escolhidos pelo pesquisador, os efeitos são fixos e as conclusões podem ser estabelecidas apenas para os adubos que foram comparados.
- Efeitos aleatórios: Imagine que, em uma criação de bovinos para corte foi conduzido um experimento para caracterizar o potencial genético de determinada raça. Quatro touros dessa raça foram selecionados aleatoriamente e cruzados com dezesseis vacas de outra raça. O interesse do pesquisador não estava especificamente no potencial genético dos touros usados no experimento, que eram apenas uma amostra aleatória da população de touros da raça estudada, mas sim na extensão em que o potencial genético de tais touros representava o potencial genético da população de touros dessa raça.

Não apenas os tratamentos, mas *blocos* também podem ser *de efeitos fixos ou de efeitos aleatórios*. Existem, ainda, *modelos mistos*, isto é, modelos em que apenas os tratamentos, ou apenas os blocos, são de efeitos aleatórios.

▶ Exemplos de modelos de efeitos fixos, efeitos aleatórios e mistos

Será feito um estudo de diversas variedades de cana de açúcar (tratamento) em diversos locais (blocos). Em cada local, as variedades serão designadas por procedimento aleatório para *r* parcelas. O modelo será:

- De efeitos fixos, se um conjunto previamente escolhido de variedades for designado para locais previamente definidos.
- De efeitos aleatórios, se por procedimento aleatório forem escolhidas variedades de uma população de variedades, que serão designadas a um conjunto de locais escolhidos ao acaso para representar uma região.
- Misto, se um conjunto previamente escolhido de variedades for designado a um conjunto de locais aleatoriamente designados para representar uma região. Também será misto o modelo em que as variedades forem escolhidas ao acaso de uma população de variedades e designadas para locais previamente definidos.

Na análise de experimentos em blocos é importante saber se os *blocos* são de *efeitos fixos* ou de *efeitos aleatórios.*

- Se os blocos foram escolhidos pelo pesquisador (como os blocos são as faixas de terra de mesma fertilidade nas quais serão designados os tratamentos ao acaso), *os efeitos são fixos.* Nesses casos, é preciso muito cuidado ao estender os resultados da análise para outras situações[2].
- Se os blocos foram *retirados ao acaso* da população (um conjunto de locais representativos uma região), é razoável considerar que as conclusões sobre as diferenças de tratamentos sejam mantidas para toda a região onde os blocos foram alocados.

A análise de variância de experimentos com delineamento completamente ao acaso ou com delineamento em blocos sem repetições é feita da mesma maneira, q*uer os efeitos sejam fixos ou aleatórios*. Mas não é o caso de delineamento em blocos com repetições, nos quais a análise muda com o fato de os fatores serem de efeitos fixos ou de efeitos ou aleatórios. E nem sempre é fácil distinguir efeitos fixos de efeitos aleatórios[3].

Ainda, quando se planeja um experimento em que uma das causas de variação – tratamentos, por exemplo – tem efeitos aleatórios, é preciso muita atenção. Sorteamos tratamentos de uma *população* de tratamentos. Logo, teoricamente, essa população deve ter infinitos tratamentos.

Na grande maioria das vezes, porém, não existe "uma *população* com número infinito de tratamentos", mas a análise funciona bem se o número de tratamentos for no mínimo igual a 100 vezes o número de tratamentos sorteados para a pesquisa[4]. Não tem sentido sortear cinco funcionários dos 20 de uma empresa. Sortear cinco funcionários para um experimento só tem sentido se a empresa tiver 100 × 5 = 500 funcionários ou mais.

[2] Um exemplo muito antigo – mas que serve para mostrar que certos erros não devem mais ser cometidos - foi dado por Student (1931). O Departamento de Agricultura da Irlanda preconizava uma nova espécie de cevada, mas os agricultores de determinada região diziam que a espécie nativa era melhor. O Departamento fez então um experimento nessa região, para dar a evidência de suas afirmativas, mas para surpresa dos técnicos, a espécie nativa se revelou melhor. Não haviam sido feitos experimentos na região. Apud: COX, D.R. **Planning of experiments**. New York: Wiley. 1958.

[3] Lecture 14 Topic 10: ANOVA models for random and mixed effects. Disponível em: *http://www.unh.edu/halelab/BIOL933/Lectures/Lect14.pdf.* Acesso em 11 de março de 2019.

[4] Inappropriately Designating a Factor as Fixed or Random. Disponível em: *https://web.ma.utexas.edu/users/mks/statmistakes/fixedvsrandom.html.* Acesso em 10 de março de 2019.

8.2. Fatores com Efeitos Fixos

No Capítulo 7 foi feita a análise de variância de um experimento com delineamento em blocos completos com repetições, de efeitos fixos, sem que fosse estudada a interação blocos *versus* tratamentos. No entanto, em geral o pesquisador tem interesse em *estudar a interação*. Reveja o exemplo apresentado na Seção 7.3.2 do Capítulo 7. Agora, veja os dados da Tabela 8.1. Considere novamente as duas formas de ensino, isto é, remoto e presencial, que serão tomados como blocos. Neste exemplo, quatro professores foram tomados como tratamentos. As unidades experimentais são os alunos. A variável resposta é a nota de zero a 100, obtida em uma prova ao final de 15 dias. Blocos e tratamentos são de efeitos fixos.

Tabela 8.1. Dados de um experimento fictício segundo bloco e tratamento

Forma de ensino	Professor			
	A	B	C	D
Remoto	65	56	58	38
	69	49	65	30
	73	54	57	34
Presencial	72	73	76	71
	79	77	69	65
	80	69	71	62

8.2.1. Análise dos Dados

Primeiro, vamos apresentar as médias e os desvios padrões de tratamentos dentro de blocos. Esses valores estão na Tabela 8.3.

Tabela 8.2. Número de repetições, média e desvio padrão dos dados da Tabela 8.1

Forma de ensino	Professor	Nº de repetições	Média	Desvio padrão
Remoto	A	3	69	4,0
	B	3	53	3,6
	C	3	60	4,4
	D	3	34	4,0
Presencial	A	3	77	4,4
	B	3	73	4,0
	C	3	72	3,6
	D	3	66	4,6

A análise de variância dos dados apresentados na Tabela 8.1 com desdobramento da interação está na Tabela 8.3. Existe diferença entre formas de ensino (p-valor = 0,000) e entre professores (p-valor = 0,000), mas a interação também é significante (p-valor = 0,001). Então o certo é comparar as médias de professores "dentro " de formas de ensino, usando o teste de Tukey.

Tabela 8.3. Análise de variância para os dados da Tabela 8.1

Causa de variação	GL	SQ	QM	*F*	*p*-valor
Professores (P)	3	1.668	556	33,44	0,000
Formas de ensino (E)	1	1.944	1.944	116,93	0,000
Interação (P x E)	3	504	168	10,11	0,001
Resíduo	16	266	16,625		
Total	23	4.382			

Na Tabela 8.4 estão os resultados do teste de Tukey no nível de significância de 5%. Observe as médias de professores "dentro" de formas de ensino. Os resultados da análise mostram que:

- no ensino remoto, o professor A obteve resultado significantemente melhor que os professores B e D e os professores B e C obtiveram resultados significantemente melhores que o professor D.
- no ensino presencial, o professor A obteve resultado significantemente melhor que D.

Tabela 8.4. Comparação das médias de professores "dentro" de formas de ensino

Forma de ensino	Professor	Média	Agrupamento		
Remoto	A	69	a		
	C	60	a	b	
	B	53		b	
	D	34			c
Presencial	A	77	a	b	
	B	73		b	c
	C	72		b	c
	D	66			c

* 8.2.2. Fórmulas de Cálculo

Considere um experimento com t tratamentos, r blocos e m repetições de cada tratamento dentro dos blocos. O total de unidades é $n = t \times r \times m$.

Para fazer a análise de variância – considerando que tanto tratamentos como blocos são de efeitos fixos – é preciso calcular:

a) os graus de liberdade
do total : $(n - 1)$
de tratamentos : $(t - 1)$
de blocos : $(r - 1)$
da interação : $(t - 1)(r - 1)$
do resíduo : $t \times r(m - 1)$

b) as somas de quadrados do total, de tratamentos e de blocos, como foi visto no Capítulo 7.

Para calcular a soma de quadrados da interação, é preciso obter os totais de tratamentos dentro de cada bloco. Esses totais serão indicados pela letra I. Cada valor de I é a soma de m parcelas. São $t \times r$ totais desse tipo, como você pode ver na Tabela 8.5. Cada total de tratamento, indicado pela letra T, pode ser obtido pela soma de r valores de I. Cada total de bloco, indicado pela letra B, pode ser obtido pela soma de t valores de I.

Tabela 8.5. Totais de tratamentos em cada bloco

Bloco	Tratamento							Total
	1		2		......	t		
1	y_{111} y_{112} y_{11m}	I_{11}	y_{211} y_{212} y_{21m}	I_{21}		y_{211} y_{212} y_{21m}	I_{t1}	B_1
2	y_{121} y_{122} y_{12m}	I_{12}	y_{221} y_{222} y_{22m}	I_{22}		y_{221} y_{222} y_{22m}	I_{t2}	B_1
	. . .		. . .			. . .		
r	y_{1r1} y_{1r2} y_{1rm}	I_{12}	y_{2r1} y_{2r2} y_{2rm}	I_{2m}		y_{2r1} y_{2r2} y_{2rm}	I_{tm}	B_r
Total		T_1		T_2			T_t	$\Sigma T = \Sigma B = \Sigma y$

Agora calcule:

c) a soma de quadrados da interação tratamento versus blocos.

$$SQTR \times B = \frac{\Sigma P^2}{m} - C - SQTR - SQB$$

d) a soma de quadrados do resíduo

$$SQR = SQT - SQTR - SQB - SQTR \times B$$

e) o quadrado médio da interação

$$QMTR \times B = \frac{SQTR \times B}{(t-1)(r-1)}$$

f) o quadrado médio do resíduo

$$QMR = \frac{SQR}{tr(m-1)}$$

g) o valor de *F* para tratamentos

$$F_T = \frac{QMTR}{QMR}$$

h) o valor de *F* para blocos

$$F_B = \frac{QMB}{QMR}$$

i) o valor de *F* para a interação

$$F_{TR \times B} = \frac{QMTR \times B}{QMR}$$

8.2.1.1. Exemplo numérico

Para fazer a análise de variância dos dados apresentados na Tabela 8.1, é preciso calcular:

a) os graus de liberdade

do total	: $4 \times 2 \times 3 - 1 = 23$
de professores	: $4 - 1 = 3$
de formas de ensino	: $2 - 1 = 1$
da interação	: $3 \times 1 = 3$
do resíduo	: $4 \times 2 \times (3 - 1) = 16$

b) as somas de quadrados do total, de professores e de formas de ensino. As fórmulas já foram dadas no Capítulo 7. Então, facilmente você obtém:

$SQT = 4.382$

$SQTR = 1.668$

$SQB = 1.944$

c) a soma de quadrados da interação. Para isso:

1. *Em cada forma de ensino* ($r = 2$), calcule os *totais de professores* ($t = 4$) como mostra a Tabela 8.6. São $2 \times 4 = 8$ totais de professores "dentro" de formas de ensino.

Tabela 8.6. Totais de professores em cada forma de ensino

Forma de ensino	Professor A		Professor B		Professor C		Professor D		Total
Remoto	65 69 73	207	56 49 54	159	58 65 57	180	38 30 34	102	648
Presencial	72 79 80	231	73 77 69	219	76 69 71	216	71 65 62	198	864
Total		438		378		396		300	1.512

2. Agora, calcule a soma da interação, dada pela fórmula::

$$SQTR \times B = \frac{\sum P^2}{m} - C - SQTR - SQB$$

Lembrando que a correção é $C = 95.256$, calcule:

$$SQTR \times B = \frac{(207)^2 + (231)^2 + ... + (198)^2}{3} - 95.256 - 1.668 - 1.944 = 504$$

d) a soma de quadrados do resíduo

$$SQR = 4.382 - 1.668 - 1.944 - 504 = 266$$

e) os quadrados médios de tratamentos e de blocos, conforme as fórmulas já apresentadas no Capítulo 7:

$QMTR = 556$

$QMB = 1.994$

f) o quadrado médio da interação

$$QMTR \times B = \frac{504}{3} = 168$$

g) o quadrado médio do resíduo

$$QMR = \frac{266}{16} = 16{,}625$$

h) o valor de *F* para tratamentos

$$F_{TR} = \frac{556}{16{,}625} = 33{,}44$$

i) o valor de *F* para blocos

$$F_{B} - \frac{1.944}{16{,}625} = 116{,}93$$

j) o valor de *F* para a interação

$$F_{TR \times B} = \frac{168}{16{,}625} = 10{,}11$$

Os valores calculados já foram organizados na Tabela 8.2.

8.3. Fatores com Efeitos Aleatórios

Na área de ciências agrárias, são menos comuns experimentos em que efeitos de tratamentos e de blocos são aleatórios. Vamos então imaginar como exemplo a seguinte situação: o inspetor de uma fábrica suspeita que a quantidade de produtos fabricados por dia depende do tipo de máquina e do operador – mas acha que certos operadores trabalham melhor em certos tipos de máquina.

Para fazer um experimento, o inspetor sorteou cinco tipos de máquinas e três operadores. Cada operador trabalhou durante quatro dias em cada máquina, em ordem aleatória. No final do dia, foram anotadas as quantidades de produtos fabricados por máquina e por operador. Esses valores estão apresentados na Tabela 8.7.

Tabela 8.7. Quantidade de produtos fabricados por máquina (tratamento) e por operador (bloco)

Operador	Tipo de máquina				
	A	B	C	D	E
I	56	46	40	47	31
	60	40	45	43	37
	67	35	40	39	38
	57	39	35	43	42
II	63	52	52	66	57
	68	59	48	62	52
	63	63	45	60	50
	58	62	47	60	53
III	69	56	38	63	50
	59	57	41	57	57
	61	61	38	51	60
	63	54	47	57	61

8.3.1. Análise de Dados

As médias e os desvios padrões de tratamentos dentro de blocos estão na Tabela 8.7 e a análise de variância na Tabela 8.8.

Tabela 8.8. Número de repetições, média e desvio padrão dos dados da Tabela 8.7

Operador	Máquina	Nº de repetições	Média	Desvio padrão
I	A	5	60	4,97
	B	5	40	4,55
	C	5	40	4,08
	D	5	43	3,27
	E	5	37	4,55
II	A	5	63	4,08
	B	5	59	4,97
	C	5	48	2,94
	D	5	62	2,83
	E	5	53	2,94
III	A	5	63	4,32
	B	5	57	2,94
	C	5	41	4,24
	D	5	57	4,90
	E	5	57	4,97

Tabela 8.9 Análise de variância dos dados da Tabela 8.7

Causa de variação	GL	SQ	QM	*F*	*p*-valor
Máquinas (M)	4	2.328	582	6,13	0,015
Operadores (O)	2	1.960	980	10,32	0,006
Interação (M × O)	8	760	95	5,61	0,000
Resíduo	45	762	16,93		
Total	59	5.810			

Todos os valores de F apresentados na Tabela 8.7 são significantes no nível de 5%. Parece razoável – uma vez que existe interação de operadores *versus* máquinas – comparar as médias de máquinas dentro de operadores. Isso pode ser feito como exercício.

* 8.3.2. Fórmulas de Cálculo

A análise de variância de experimentos em blocos ao acaso com repetições e de efeitos aleatórios tem *uma única diferença* em relação à análise em que os efeitos são fixos: o cálculo dos valores F.

Para obter os valores F – quando efeitos de blocos e tratamentos são aleatórios – calcule:

a) Para tratamentos:

$$F_{TR} = \frac{QMTR}{QMTR \times B}$$

b) Para blocos:

$$F_B = \frac{QMB}{QMTR \times B}$$

c) Para a interação:

$$F_I = \frac{QMTR \times B}{QMR}$$

Note, na análise de variância apresentada na Tabela 8.7, que os valores de F para tratamentos e para blocos, de efeitos aleatórios, são obtidos dividindo os respectivos quadrados médios pelo quadrado médio da interação; o valor de F para a interação é obtido dividindo o quadrado médio da interação pelo quadrado médio do resíduo.

8.4. Modelo Misto

A análise de variância dos experimentos em blocos com repetições e modelo misto tem, em relação à análise de variância de experimentos em blocos com repetições, de efeitos fixos, uma única diferença: o cálculo dos valores F.

Quando os *efeitos de blocos são aleatórios* e os *efeitos de tratamentos são fixos*, os valores F são obtidos da seguinte forma:

a) para tratamentos fixos

$$F_{TR} = \frac{QMTR}{QMTR \times B}$$

b) para blocos aleatórios

$$F_{B} = \frac{QMB}{QMR}$$

c) para a interação

$$F_{I} = \frac{QMTR \times B}{QMR}$$

Se os *efeitos de blocos são fixos* e os *efeitos de tratamentos são aleatórios*, os valores de F são obtidos da seguinte forma:

a) para tratamentos aleatórios

$$F_{TR} = \frac{QMTR}{QMR}$$

b) para blocos fixos

$$F_{B} = \frac{QMB}{QMTR \times B}$$

c) para a interação

$$F_{TR \times B} = \frac{QMTR \times B}{QMR}$$

Reveja o exemplo apresentado na Seção 8.2 deste Capítulo. Seria razoável, em uma grande instituição de ensino, escolher os professores para o experimento por procedimento aleatório. Nesse caso, o modelo seria misto porque os professores seriam de efeitos aleatórios. Faça os cálculos, como exercício. Os resultados numéricos não mudam muito, mas muda a conclusão: seria a de que resultados obtidos por professores em ensino remoto e em ensino presencial tem grande variação.

8.5. Resumo

Efeitos são fixos se os tratamentos são escolhidos previamente pelo pesquisador, que tem interesse em comparar somente os efeitos dos tratamentos que estão em teste.

Efeitos são aleatórios se os tratamentos são escolhidos ao acaso de uma enorme quantidade de tratamentos. O interesse do pesquisador, nesses casos, é estudar a "população" de tratamentos. Logo, as conclusões devem ser estendidas a essa população.

Nos *modelos mistos* apenas os tratamentos, ou apenas os blocos são de efeitos aleatórios.

A análise de variância (ANOVA) de experimentos completamente ao acaso e de experimentos em blocos sem repetições é feita da mesma maneira, *quer os efeitos sejam fixos ou aleatórios*. Isso não acontece com outros delineamentos.

8.6. Exercícios

1. Pretende-se verificar se existe diferença na classificação de determinado tipo de café, obtido de diferentes partidas, quando essa classificação é feita por diferentes degustadores. Cada degustador (tratamento) recebe diversas amostras (repetições) de cada partida (blocos). Planeje o experimento.
   Nota: Considere que os efeitos de tratamentos e de blocos são aleatórios.

2. Pretende-se verificar se existe diferença no tempo de fermentação de caldo de cana-de-açúcar quando tratada por dois processos (tratamentos). Planeje o experimento considerando que diversas dornas (repetições) serão usadas em uma amostra aleatória de usinas (blocos).
   Nota: Considere modelo misto.

3. Faça a análise de variância dos dados apresentados em seguida, considerando um modelo de efeitos fixos.

Dados de um experimento (fictício)

Bloco	Tratamento A	B	C	D
I	22	38	31	45
	26	31	38	39
	30	36	30	42
II	27	50	48	53
	34	56	42	47
	35	47	45	44

4. Faça a análise de variância dos dados apresentados no exercício 3, considerando que os efeitos de blocos e de tratamentos são aleatórios.

5. Faça a análise de variância dos dados apresentados no exercício 3, considerando que os efeitos de blocos são fixos e os efeitos de tratamentos são aleatórios.

CAPÍTULO

9

Experimentos Fatoriais

A designação experimento fatorial é potencialmente confusa porque pode levar a pensar que fatorial é um delineamento. Não é. Os experimentos fatoriais podem ser conduzidos em delineamento completamente ao acaso, em blocos, em quadrados latinos. O que caracteriza um experimento fatorial é o fato de os tratamentos serem constituídos por dois ou mais níveis de dois ou mais fatores. A ideia é estudar o efeito conjunto dos diferentes níveis dos diversos fatores sobre a mesma variável resposta.

▸ Exemplo de experimento fatorial

Foi conduzido um experimento fatorial para estudar o efeito de dois fatores em dois níveis, na cultura da melancia estabelecida em condições de terra firme[1]. Os dois fatores são calcário e irrigação e os dois níveis são ausência e presença de cada um desses fatores. São, portanto, quatro tratamentos: 1. controle, isto é, sem calcário e sem irrigação); 2. sem calcário e com irrigação; 3. com calcário e sem irrigação); 4. com calcário e com irrigação.

Os experimentos fatoriais têm a vantagem de necessitar menor número de parcelas do que seria necessário caso se fizessem experimentos separados, um para cada fator. Porém a grande vantagem dos experimentos fatoriais é permitir estudar não só o efeito principal de cada fator, mas também a *interação* entre eles – o que traz um ganho de informação.

---

[1] Com base em: CARDOSO, M.O.; ANTONIO, I.C.; MOURA, M.F.; GONÇALVES, J.R.P.; PAMPLONA, A.M.S.R. Índices produtivos de melancia com uso de calagem e irrigação. 2010. Horticultura Brasileira 28: 2019. Disponível em: https://www.embrapa.br/busca-de-publicacoes/-/publicacao/867713/indices-produtivos-de-melancia-com-uso-de-calagem-e-irrigacao. Acesso em 11 de março de 2021.

9.1. Efeitos Principais e Interações

Nas ciências agrárias, o estudo da interação entre insumos tem enorme relevância para estabelecer novos patamares de produção e qualidade. Assim, por exemplo, são conhecidos os experimentos para estudar a interação dos nutrientes minerais usados em agricultura. Não se pode pensar que um fator atue isoladamente na produção agrícola: há uma interação de fatores.

Por exemplo, pode haver uma interação positiva entre dois fatores, chamada *interação sinérgica*. Sinergismo é a resposta obtida da associação de dois ou mais produtos, que resulta em efeito maior do que a simples soma dos efeitos isolados de cada um deles. É o que acontece com nitrogênio e potássio, por exemplo, ou fósforo e água no solo[2]. Se estiverem juntos, a resposta da planta é maior.

Pode haver, também, uma interação negativa entre dois fatores, chamada *interação antagônica*. Antagonismo é a resposta obtida da associação de dois produtos, quando um faz diminuir os efeitos de outro. É o que acontece com alumínio e cálcio, com fósforo e zinco.

9.2. Experimentos Fatoriais 2 × 2

Os experimentos fatoriais 2 × 2 têm dois fatores em dois níveis, ou seja, existem dois níveis do fator A e dois níveis do fator B. São, portanto, quatro tratamentos que indicaremos por A_0B_0, A_0B_1, A_1B_0, A_1B_1.

9.2.1. Análise dos Dados

Para entender como se faz a análise de dados de um fatorial 2 × 2, primeiro veja os dados do experimento com delineamento completamente ao acaso em esquema fatorial, apresentado na Tabela 9.1. Imagine que a variável dependente em análise é produtividade agrícola. A variável independente é constituída por dois fatoras, A e B, cada um em dois níveis. O índice 0 indica ausência do fator e o índice 1 indica presença do fator. As médias estão no rodapé da tabela.

[2] Os exemplos são de SILVA, R. Introdução ao estudo de química e fertilidade do solo. Disponível em: https://tede2.uepg.br/jspui/handle/prefix/2776. Acesso em 16 de março de 2021.

Tabela 9.1. Dados de um experimento (fictício)

Tratamento			
A_0B_0	A_0B_1	A_1B_0	A_1B_1
25	35	41	60
32	28	35	67
27	33	38	59
28	32	38	62

Os experimentos fatoriais 2 × 2 podem ser apresentados em gráfico de barras. Veja a Figura 9.1, que apresenta as médias dos dados da Tabela 9.1: a resposta de B é muito maior na presença de A, sugerindo sinergismo. Em outras palavras, o fator A aparentemente potencializa o efeito do fator B. Mas a evidência da interação só é obtida com uma análise de variância.

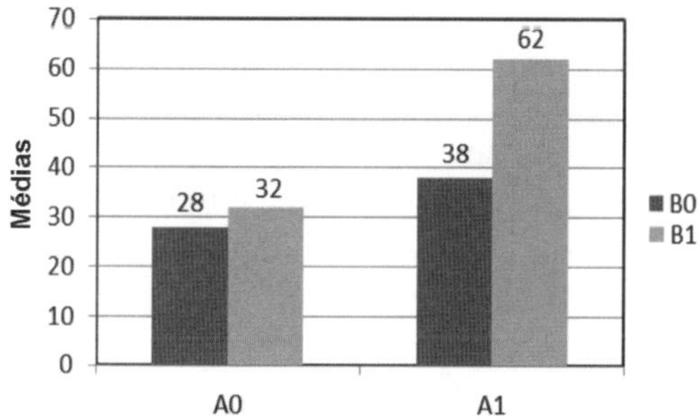

Figura 9.1 Médias das respostas dos fatores A e B

Embora um gráfico de barras seja bastante explicativo, é mais comum fazer o estudo gráfico da interação por meio de um *gráfico de linhas*. Para desenhar esse gráfico, trace o sistema cartesiano. No eixo das abscissas, escreva A_0 e A_1. No eixo das ordenadas, escreva as respostas obtidas no experimento. Desenhe pontos para representar as médias de A_0B_0 e A_0B_1 na perpendicular que passa pelo ponto de abscissa A_0 e pontos para representar as médias de A_1B_0 e A_1B_1 na perpendicular que passa pelo ponto de abscissa A_1. Depois, trace uma reta ligando as duas médias referentes a B_0, isto é, A_0B_0 e A_1B_0. Trace outra reta ligando as duas médias referentes a B_1, isto é, A_0B_1 e A_1B_1. Agora, veja o gráfico de linhas da Figura 9.2: é fácil ver que A tem efeito e que, na presença de A, a resposta de B é maior.

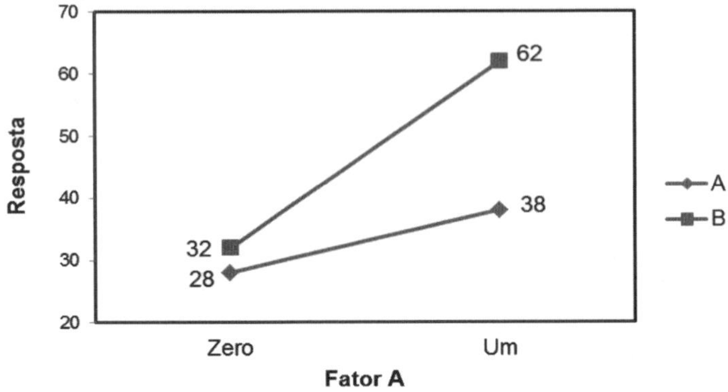

Figura 9.2 Interação dos fatores A e B

A resposta de uma cultura a dois fatores diferentes e às possíveis interações entre eles tem diversas possibilidades, que estão ilustradas nos gráficos apresentados na Figura 9.3. Se as linhas são paralelas, não há interação entre os fatores; linhas que se cruzam indicam interação[3].

Os gráficos são úteis para entender o que é interação. No entanto, a interação entre fatores deve ser estudada por meio de uma análise de variância. Vamos, então, à análise de variância.

9.2.2. Análise de Variância de Experimentos Fatoriais 2 × 2

A análise de variância de experimento fatoriais 2 × 2 pode ser feita: 1. para determinar se existe interação entre os dois fatores e 2. quando já se sabe que a interação existe, a análise compara as respostas de um fator (p. ex., do fator B) nos dois níveis do outro fator (no caso, do fator A).

Na Tabela 9.2 está a análise de variância dos dados do experimento apresentado na Tabela 9.1, feita com a finalidade de determinar se existe interação entre os fatores A e B.

[3] Zar, H. **Biostatistical Analysis**. 5 ed. New York: Prentice Hall, 2010.

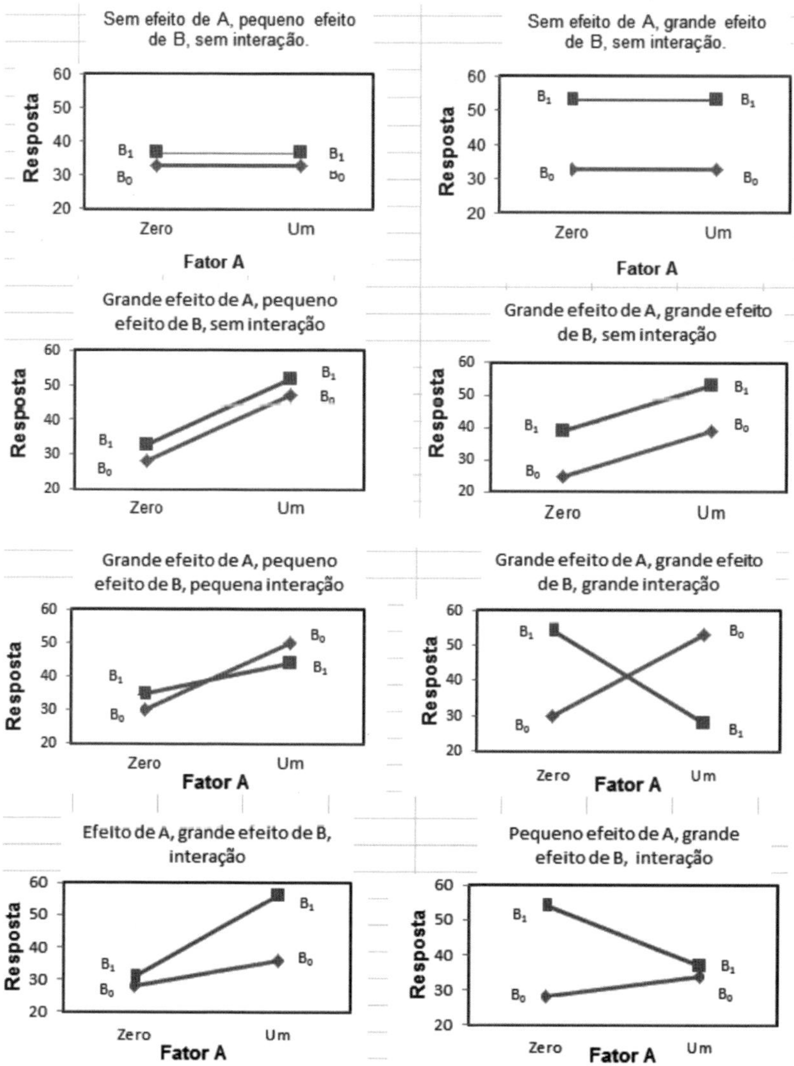

Figura 9.3. A questão da interação

Tabela 9.2. Análise de variância dos dados da Tabela 9.1

Causa de variação	GL	SQ	QM	*F*	*p*- valor
A	1	1.200	1.200	88,89	0,000
B	1	588	588	43,56	0,000
A × B	1	300	300	22,22	0,002
Tratamentos	3	2.088	696	51,56	
Resíduo	8	108	13,5		
Total	11	2.196			

Os *p*-valores para A, para B e para a interação A × B apresentados na Tabela 9.2 são significantes. Há, portanto, evidência de interação. Então devem ser comparados os efeitos do fator A nos dois níveis de B ou, os efeitos do fator B nos dois níveis de A. Para isso, aplique o teste de Tukey no nível de 5% de significância, e compare as quatro médias. Um software de estatística dará o resultado deste cálculo:

$$HSD = 4{,}53\sqrt{\frac{13{,}5}{3}} = 9{,}61$$

As comparações de médias estão apresentadas na Tabela 9.3.

Tabela 9.3. Médias e diferenças de médias em valor absoluto dos dados da Tabela 9.1

	A		
B	A_0 (sem)	A_1 (com)	$\|A_1 - A_0\|$
B_0 (sem)	28	38	10*
B_1 (com)	32	62	30*
$\|B_1 - B_0\|$	4	24*	

Nota: o asterisco indica significância no nível de 5%.

Os resultados apresentados na Tabela 9.3 mostram, no nível de 5% de significância, que:

- O tratamento A tem efeito, tanto na presença como na ausência de B.
- O tratamento B tem efeito, mas só na presença do tratamento A, ou seja, o tratamento A potencializa o efeito de B.

Vamos agora desdobrar a análise de variância de outra forma, considerando que já se sabe, *com base na literatura*, que a interação existe. O objetivo, portanto, *não* é testar a interação, mas comparar os efeitos de B dentro de cada nível de A. A análise de variância está na Tabela 9.4.

Tabela 9.4. Análise de variância dos dados da Tabela 9.1

Causa de variação	GL	SQ	QM	*F*	*p*-valor
A	1	1.200	1.200	88,89	0,000
B dentro de A_0	1	24	24	1,78	0,219
B dentro de A_1	1	864	864	64,00	0,000
Tratamentos	3	2.088	696	51,56	
Resíduo	8	108	13,5		
Total	11	2.196			

Os valores apresentados na Tabela 9.4 para A, e para B dentro de A_1, são significantes no nível de 5%. Lembrando que o nível zero significa ausência e nível um significa presença do fator, pode-se concluir que:

- O tratamento A tem efeito.
- Na presença de A, o tratamento B tem efeito.

Cabe considerar aqui que a análise de variância apresentada na Tabela 9.4 poderia ter sido desdobrada de outra forma: poderiam ter sido estudados os efeitos de A dentro de cada nível de B (bastaria trocar A por B e B por A). No entanto – é importante frisar – em um trabalho de pesquisa, você faz opção por uma única análise, em função do seu objetivo.

De qualquer forma, os dados fictícios que analisamos mostram, nas duas formas de desdobrar a análise, a mesma conclusão: a produção aumenta com o tratamento A; o tratamento B por si só não tem efeito, mas A potencializa o efeito de B.

9.3. Experimentos Fatoriais 3 × 3

Experimentos fatoriais 3 × 3 têm *dois fatores em três níveis*, ou seja, existem *três* níveis do fator A e *três* níveis do fator B. Se os fatores são insumos agrícolas como, por exemplo, fertilizantes ou defensivos agrícolas, podemos fazer 0 indicar ausência do fator, 1 indicar a dose 1 e 2 indicar a dose 2. Mas os fatores A e B também podem ser, por exemplo, variedades e espaçamentos, que não têm um nível "zero". De qualquer forma, podemos indicar os nove tratamentos como segue:

1. A_0B_0, ou controle;
2. A_0B_1, ou dose 1 de B;
3. A_0B_2, ou dose 2 de B;
4. A_1B_0, ou dose 1 de A;
5. A_1B_1, ou dose 1 de A e dose 1 de B;
6. A_1B_2, ou dose 1 de A e dose 2 de B;
7. A_2B_0, ou dose 2 de A;
8. A_2B_1, ou dose 2 de A e dose 1 de B;
9. A_2B_2, ou dose 2 de A e dose 2 de B.

▶ Exemplo de experimento fatorial 3 × 3

Para estudar a produtividade de três variedades de determinada hortaliça, em três espaçamentos pode ser feito um experimento em esquema fatorial com delineamento em blocos. Nesse experimento haverá 3 x 3 = 9 tratamentos: V_1E_1; V_1E_2; V_1E_3; V_2E_1; V_2E_2; V_2E_3; V_3E_1; V_3E_2; V_3E_3.

9.3.1. Análise de Variância de Experimentos Fatoriais 3 × 3

Para entender a análise de um fatorial 3 × 3, veja os dados apresentados na Tabela 9.4, de um experimento com delineamento completamente ao acaso com três repetições por tratamento. As médias estão no rodapé da tabela. Imagine que os tratamentos sejam três variedades de uma cultura em três espaçamentos diferentes.

Tabela 9.5. Dados de um experimento fatorial 3 × 3 (fictício)

Tratamento								
V_1E_1	V_1E_2	V_1E_3	V_2E_1	V_2E_2	V_2E_3	V_3E_1	V_3E_2	V_3E_3
37	41	49	34	31	41	25	14	23
31	42	51	41	25	48	30	19	19
34	37	47	42	28	43	23	15	21
34	40	49	39	28	44	26	16	21

A análise de variância dos dados da Tabela 9.5 está na Tabela 9.6. Como o valor de F é significante, essa análise foi desdobrada. Veja a Tabela 9.7.

Tabela 9.6. Análise de variância dos dados da Tabela 9.5

Causa de variação	GL	SQ	QM	*F*	*p*-valor
Tratamentos	8	2.910	363,750	38,52	0,000
Resíduo	18	170	9,444		
Total	26	3.080			

Tabela 9.7 Análise de variância dos dados da Tabela 9.5

Causa de variação	GL	SQ	QM	*F*	*p*-valor
Variedades (V)	2	2.016	1.008,00	106,73	0,000
Espaçamentos (E)	2	450	225,00	23,82	0,000
V × E	4	444	111,00	11,75	0,000
Tratamentos	8	2.910	363,75	38,52	
Resíduo	18	170	9,444		
Total	26	3.080			

A análise de variância apresentada na Tabela 9.7 mostra que a interação V × E é significante. Logo, a resposta de cada variedade depende do espaçamento.

Para comparar as médias das respostas das variedades nos diferentes espaçamentos, aplique o teste de Tukey no nível de 5% de significância. Use um software de estatística, que dará o resultado deste cálculo:

$$HSD = 4{,}96\sqrt{\frac{9{,}444}{3}} = 8{,}80$$

As comparações das médias de espaçamento dentro de cada variedade estão na Tabela 9.8 e na Figura 9.4.

Tabela 9.8. Comparação das médias dos dados apresentados na Tabela 9.5

A	B	Média	Significância	
	E_3	49	a	
V_1	E_2	40		b
	E_1	34		b
	E_3	44	a	
V_2	E_1	39	a	
	E_2	28		b
	E_1	26	a	
V_3	E_3	21	a	b
	E_2	16		b

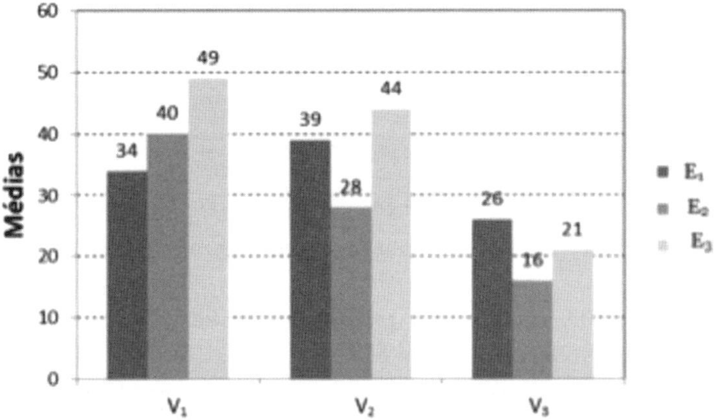

Figura 9.4. Médias das respostas dos fatores V e E

O teste de Tukey permite concluir, no nível de 0,05 de significância, que:

- Para a variedade V_1 o espaçamento E_3 é o melhor
- Para a variedade V_2, os espaçamentos E_1 e E_3 dão melhores respostas.
- Para a variedade V_3, o espaçamento E_1 é melhor que E_2.

Se, em lugar de estudar os efeitos do fator A em cada nível do fator B, a intenção fosse estudar os efeitos do fator B dentro de cada nível do fator A, seriam usados o mesmo procedimento e a mesma *HSD*.

9.4. Experimentos Fatoriais 2 × 2 × 2

Em um experimento fatorial 2 × 2 × 2 estão em comparação três fatores que indicaremos por A, B e C, em dois níveis. São, portanto, oito tratamentos em comparação.

▶ Exemplo de experimento fatorial 2 × 2 x 2

Foi conduzido um experimento para estudar os efeitos do plantio direto (PD) e do preparo convencional (PC) sobre o desenvolvimento de duas cultivares de feijoeiro em dois espaçamentos diferentes[4]. Este é um experimento com tratamentos em esquema fatorial 2 x 2 x 2.

9.4.1. Análise de Variância de Experimentos Fatoriais 2 × 2 x 2

A análise de variância será mostrada com dados do experimento apresentado na Tabela 9.9. A análise de variância está na Tabela 9.10.

Tabela 9.9. Dados de um fatorial 2 × 2 × 2 (fictício)

Tratamento							
$A_0B_0C_0$	$A_0B_0C_1$	$A_0B_1C_0$	$A_0B_1C_1$	$A_1B_0C_0$	$A_1B_0C_1$	$A_1B_1C_0$	$A_1B_1C_1$
39	24	33	45	38	28	48	66
33	19	28	37	28	35	37	62
36	29	35	38	36	27	41	70

Tabela 9.10. Análise de variância dos dados da Tabela 9.9

Causa de variação	GL	SQ	QM	*F*	*p-valor*
Tratamentos	7	3.360	480	24	0,000
Resíduo	16	320	20		
Total	23	3.680			

Como os tratamentos A, B e C estão organizados em esquema fatorial, você deve desdobrar a análise de variância. Veja a Tabela 9.11.

URCHEI, M. A.; RODRIGUES, J.D.; STONE, L. F. Análise de crescimento de duas cultivares de feijoeiro sob irrigação, em plantio direto e preparo convencional. Fitotecnia. Pesq. agropec. bras. 35 (3).2000. Disponível em https://www.scielo.br/j/pab/a/cwK3sNhgNV5vmCmL4LDzK5x/?lang=pt. Acesso em 20 de março de 2021.

Tabela 9.11. Análise de variância dos dados da Tabela 9.9

Causa de variação	GL	SQ	QM	F	p-valor
A	1	600	600	30,00	0,000
B	1	1.176	1.176	58,80	0,000
C	1	96	96	4,80	0,044
A × B	1	384	384	19,20	0,000
A × C	1	216	216	10,80	0,005
B × C	1	864	864	43,20	0,000
A × B × C	1	24	24	1,20	0,290
Tratamentos	7	3.360	480	24,00	
Resíduo	16	320	20		
Total	23	3.680			

Os valores calculados de F para A, B e C são significantes no nível de 5%. Como as interações duplas (A × B, A × C, B × C) também são significantes no nível de 5%, podem ser comparados, por exemplo, os níveis de C dentro de cada combinação dos níveis de B e de A. Isto poderia ser feito por meio do teste de Tukey, mas também é possível *desdobrar* a análise. Veja os resultados na Tabela 9.12 e na Figura 9.5.

Tabela 9.12. Análise de variância dos dados da Tabela 9.9

Causa de variação	GL	SQ	QM	F	p-valor
A	1	600	600	30,00	0,000
B dentro A_0	1	108	108	5,40	0,034
B dentro A_1	1	1.452	1.452	72,60	0,000
C dentro B_0 dentro A_0	1	216	216	10,80	0,005
C dentro B_1 dentro A_0	1	96	96	4,80	0,044
C dentro B_0 dentro A_1	1	24	24	1,20	0,290
C dentro B_1 dentro A_1	1	826	824	43,20	0,000
Tratamentos	7	3.360	480	24,00	
Resíduo	16	320	20		
Total	23	3.680			

Observe os p-valores apresentados na Tabela 9.12. Apenas o efeito de C dentro de B_0 dentro de A_1 não é significante. As médias dos tratamentos estão na Tabela 9.13.

Tabela 9.13 Médias dos dados apresentados na Tabela 9.12

A	B	C	Média	Significância
A_0	B_0	C_0	36	*
		C_1	24	
	B_1	C_0	32	*
		C_1	40	
A_1	B_0	C_0	34	ns
		C_1	30	
	B_1	C_0	42	*
		C_1	66	

Nota: o asterisco indica significância ao nível de 5%

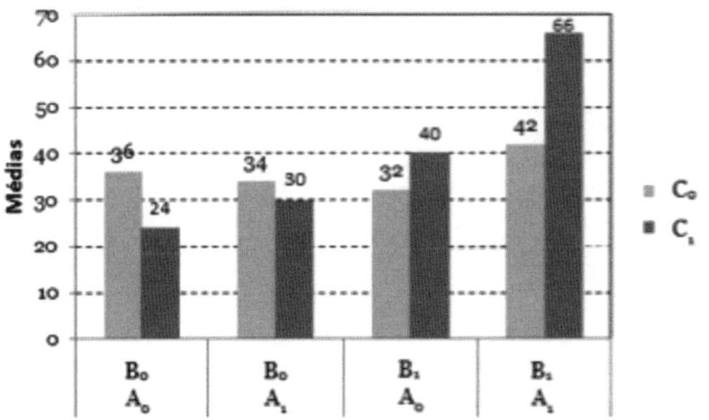

Figura 9.5. Médias das respostas dos fatores A, B e C

Os resultados indicam, no nível de 5% de significância, que:

- na ausência de A e B, a resposta é maior sem adição de C.
- na ausência de A, mas na presença de B, a resposta é maior com a adição de C.
- na presença de A e B, a resposta é maior com a adição de C.

Para mais bem entender esses resultados, lembre que os dados apresentados são fictícios, mas imagine que são os resultados de um experimento conduzido com o objetivo de aumentar a produtividade de uma cultura. A, B e C seriam insumos. Nesse caso, sem A e sem B, não use C. Sem A, mas com B, use C. Com A e B, use C, teria assim o melhor resultado.

9.5. Algumas Considerações

9.5.1. Outros Esquemas de Experimentos Fatoriais

Experimento fatorial completo é aquele que inclui todas as combinações dos níveis selecionados dos fatores em estudo. São experimentos fatoriais completos os que vimos até aqui:, 2×2, 3×3, $2 \times 2 \times 2$. Esses fatoriais também são referidos como 2^2, 3^2, 2^3 etc. O *expoente* indica o *número de fatores* e a *base* indica o *número de níveis*. Portanto, um fatorial 2^2 tem dois fatores em dois níveis e um fatorial 3^2 tem dois fatores em três níveis.

Experimento fatorial fracionado é aquele que inclui apenas uma fração das combinações dos níveis selecionados dos fatores em estudo. Podem ser feitos experimentos fatoriais 3×4, 2×3 etc. Um experimento para testar três níveis de potássio, na presença e ausência de nitrogênio, seria um fatorial 3×2.

Também é importante lembrar que neste Capítulo foram estudados experimentos em esquema fatorial com tratamentos de efeitos fixos, que são mais comuns. Por essa razão, os valores de *F* foram calculados usando o quadrado médio do resíduo. Mas se os efeitos dos tratamentos forem aleatórios, os valores de *F* devem ser calculados de outra forma[4].

O número de tratamentos em um experimento fatorial aumenta rapidamente com o número de fatores e com o número de níveis de cada fator. Por exemplo, para testar quatro tipos de preparo de solo e cinco métodos de controle de ervas daninhas, você tem um experimento com dois fatores, mas são 20 tratamentos. Também é desaconselhável estudar, por exemplo, cinco fatores ao mesmo tempo mesmo que cada um esteja em dois níveis. Seriam 32 tratamentos e seria difícil interpretar uma interação ($A \times B \times C \times D \times E$) significante. De qualquer forma, quando são conduzidos experimentos com muitos fatores, as interações de maior ordem são desconsideradas na análise.

---

[4] Veja, especialmente: COCHRAN, W. G., COX, G. M. **Experimental designs.** 2 ed. New York: Wiley, 1992.

9.6. Resumo

Experimentos fatoriais são utilizados para estudar o efeito de dois ou mais fatores, que se apresentam em dois ou mais níveis. A ideia é entender como a variação dos níveis dos diversos fatores afeta a variável resposta.

Experimentos fatoriais completos são referidos como 2^2, 3^2, 2^3 etc. porque o número de níveis é o mesmo para todos os fatores. O *expoente* indica o *número de fatores* e a *base* indica o *número de níveis*.

Experimentos fatoriais fracionados são referidos como 2×3, $2 \times 3 \times 4$, 4×3 etc.. O número de níveis não é o mesmo para todos os fatores.

Interação entre dois fatores significa que a resposta de um fator não é a mesma em todos os níveis do outro fator.

Nas ciências agrárias, são muitos os fatores que afetam uma variável resposta. Os experimentos onde se varia apenas um fator podem ser, eventualmente, inúteis. Mesmo assim, o número de fatores estudados em um único experimento precisa ser pequeno.

9.7. Exercícios

1. Organize os tratamentos de um experimento para estudar a interação de preparo do solo (convencional e direto) com adubação (química e orgânica) no crescimento em massa de uma hortaliça.
2. Organize os tratamentos de um experimento em esquema fatorial para estudar o efeito de quatro fórmulas de adubação e dois níveis de irrigação na produção de tomateiros.
3. Analise os dados apresentados na tabela a seguir, verificando se existe interação de $A \times B$.

Dados de um experimento fatorial 2 × 2

	Tratamento			
Bloco	A_0B_0	A_0B_1	A_1B_0	A_1B_1
I	12	22	22	32
II	17	23	21	35
III	19	27	23	35

4. Analise os dados apresentados na tabela a seguir. Teste o efeito de B e o efeito de A, dentro de B.

Dados de um experimento fatorial 3 × 3

	Tratamento								
Bloco	A_0B_0	A_0B_1	A_0B_2	A_1B_0	A_1B_1	A_1B_2	A_2B_0	A_2B_1	A_2B_2
I	72	65	85	63	65	76	60	50	76
II	67	50	69	49	49	70	43	45	62
III	81	69	87	65	70	84	64	56	81
IV	80	76	87	75	68	82	61	57	89

5. Analise os dados apresentados na tabela a seguir, testando as interações duplas e a interação tripla.

Dados de um experimento fatorial 2 × 2 × 2

Tratamento							
$A_0B_0C_0$	$A_0B_0C_1$	$A_0B_1C_0$	$A_0B_1C_1$	$A_1B_0C_0$	$A_1B_0C_1$	$A_1B_1C_0$	$A_1B_1C_1$
62	71	54	67	56	88	65	104
53	82	45	71	65	82	74	97
57	69	44	61	70	76	80	111
68	74	57	73	57	90	69	112

CAPÍTULO

10

Outros Delineamentos

A ideia básica, nas ciências experimentais, é a comparação. Comparam-se grupos tratados entre si e grupos tratados com o controle ou testemunha. Mas para delinear um experimento é preciso não só saber o que comparar, mas também ter sólido conhecimento sobre as unidades que serão utilizadas e o ambiente em que o experimento será conduzido.

10.1. Modelo Hierárquico

Muitas vezes você encontra unidades experimentais em aglomerados, que pertencem a outros aglomerados, que estão dentro de outros. Por exemplo, se você quiser que universitários avaliem uma revista, pode sortear, dentro de uma universidade alguns cursos. Dentro desses cursos, algumas disciplinas e dentro dessas disciplinas, alguns alunos.

Veja a Figura 10.1: imagine que você sorteou dois cursos, A e B. Em cada curso, sorteou duas disciplinas: no curso A, sorteou as disciplinas X e Y e no curso B, as disciplinas W e Z. Em cada disciplina sorteou três alunos, identificados por algarismos arábicos. Este é um modelo hierárquico.

Será encaminhada uma revista para cada um dos alunos sorteados. Os alunos são as unidades experimentais, que farão a avaliação dando notas à revista. O número de unidades experimentais, neste exemplo, é absurdamente pequeno, mas a intenção é fazer ver como se constrói um modelo hierárquico.

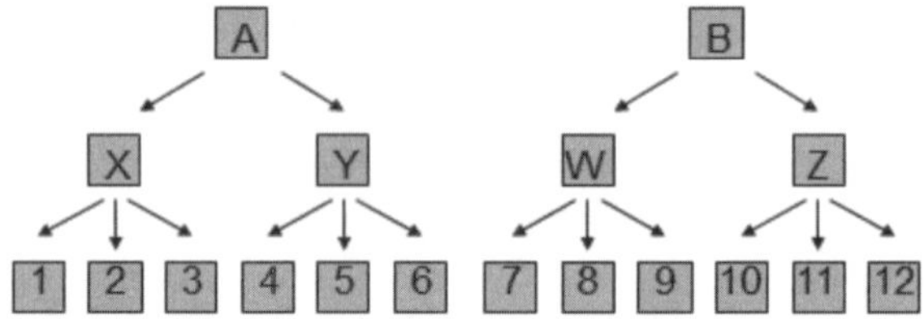

Figura 10.1 Apresentação de um modelo hierárquico

Mas vamos voltar às ciências agrárias. Imagine que você quer estudar a variação do brix da cana de açúcar proveniente de três regiões produtoras e diversos fornecedores, na cana que chega à usina por diferentes caminhões. Veja a Figura 10.2: imagine que você sorteou três regiões produtoras de cana de açúcar, que identificaremos por R_1, R_2, R_3. De cada região, sorteou dois fornecedores que identificaremos por F_1, F_2, F_3, F_4, F_5, F_6. De cada fornecedor, sorteou três caminhões. De cada caminhão, tomou uma amostra. Essas amostras serão as repetições, identificadas por C_1, C_2, C_3, ..., C_{18}. Em cada amostra, será medido o brix. Este é um modelo hierárquico com efeitos aleatórios.

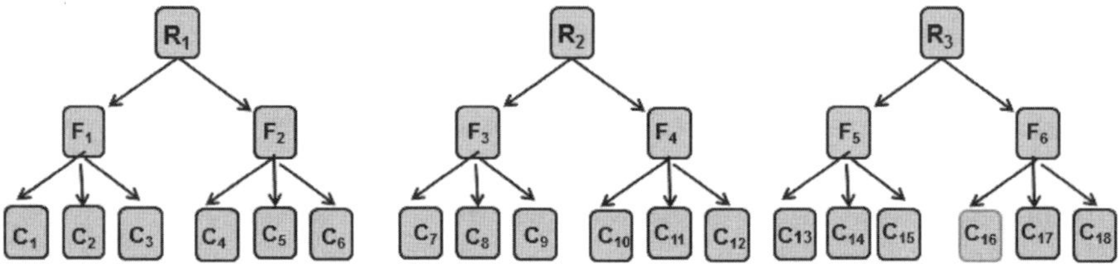

Figura 10.2. Modelo hierárquico

No modelo hierárquico: comparam-se fatores que variam *"dentro"* de outros fatores, ou seja, estão aninhados (*nested*) em outros fatores. Para cada tratamento principal há uma "ramificação" em tratamentos secundários, *específicos daquele tratamento principal*. Por isso, os experimentos hierárquicos são também chamados de *ramificados* ou *aninhados*.

Modelos hierárquicos (*hierarchical models*) ou delineamentos aninhados (*nested designs*) não devem ser confundidos com experimentos em blocos (*blocks designs*) ou experimentos em quadrado latino (*latin squares*). Nos experimentos em quadrado latino, o mesmo tratamento aparece *nas diferentes linhas e nas diferentes colunas*. São *delineamentos cruzados* (*crossed designs*). Nos modelos hierárquicos, os tratamentos secundários *não se repetem* para os diversos tratamentos principais, mas se "aninham" dentro deles. Veja a Figura 10.3.

(a) Cruzado

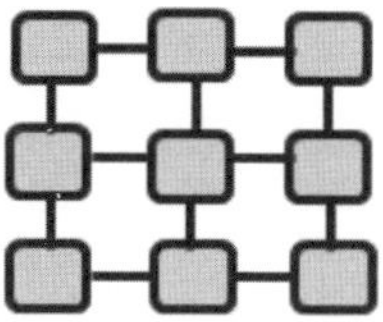

(b) Aninhado

Figura 10.3. Comparação de delineamentos cruzados e aninhados

10.1.1. Análise dos Dados

Dados coletados são organizados em tabelas, para facilitar a visualização e a análise. Imagine então que para comparar a contribuição de escolas e professores na aprendizagem de seus alunos, um pesquisador sorteou três escolas de mesmo nível, que identificaremos pelos números 1, 2 e 3. Dentro de cada escola, o pesquisador sorteou quatro professores que ensinavam a mesma disciplina. Identificaremos os professores por letras maiúsculas. Depois, o pesquisador sorteou cinco alunos de cada professor e os submeteu à mesma prova. As notas (de zero a 10) dos alunos, nessa prova, estão apresentadas na Tabela 10.1. Esse é um experimento em modelo hierárquico com efeitos aleatórios.

Tabela 10.1. Notas dos alunos segundo a escola e o professor

Escola											
1				2				3			
Professor				Professor				Professor			
A	B	C	D	E	F	G	H	I	J	L	M
6,4	4,8	4,9	5,3	6,8	5,6	5,0	7,8	9,2	9,5	6,8	7,5
6,9	5,8	5,5	6,2	5,7	5,5	5,2	6,5	7,9	8,8	7,8	6,9
5,9	5,5	5,2	4,8	5,2	5,9	4,8	6,8	7,3	9,2	7,0	7,7
6,1	5,8	5,6	5,0	5,3	6,6	5,8	7,0	7,6	9,3	7,3	7,6
6,7	5,6	4,8	5,2	5,5	5,9	4,2	6,9	8,0	9,2	7,6	7,8

Usando um software, você obtém as estatísticas apresentadas na Tabela 10.2.

Tabela 10.2. Número de alunos, médias e desvios padrões por professor e por escola

Escola	Professor	Número de alunos	Média	Desvio padrão
1	A	5	6,4	0,412
	B	5	5,5	0,412
	D	5	5,2	0,354
	C	5	5,3	0,539
2	H	5	5,7	0,644
	F	5	5,9	0,430
	E	5	5,0	0,583
	G	5	7,0	0,485
3	J	5	8,0	0,725
	I	5	9,2	0,255
	M	5	7,3	0,412
	L	5	7,5	0,354

Mas você quer saber em que escolas e com quais professores, ocorreram as melhores notas? Precisa, então, da *análise de variância,* que está na Tabela 10.3.

Tabela 10.3. Análise de variância dos dados da Tabela 10.1

Causa de variação	GL	SQ	QM	*F*	*p*-valor
Escolas	2	68,4	34,2	11,98	0,003
Professores dentro de escolas	9	25,7	2,8556	12,17	0,000
Resíduo	48	11,26	0,2346		
Total	59	105,36			

A simples observação dos *p*-valores apresentados na Tabela 10.4 permite concluir que existem diferenças estatisticamente significantes entre escolas e entre professores dentro de escolas.

Para comparar as médias dos alunos dos professores das três escolas (12 médias), aplique o teste de Tukey. É mais seguro usar um software de estatística, mas você também pode fazer os cálculos. O valor crítico de q, para comparar 12 médias de notas, com 48 graus de liberdade no resíduo, no nível de significância de 5% é 4,86. Logo:

$$HSD = 4{,}86\sqrt{\frac{0{,}2346}{3}} = 1{,}05$$

As médias das notas segundo o professor e a escola estão na Tabela 10.4. Com base na diferença honestamente significante (*HSD*) do teste de Tukey é possível estabelecer que:

- na escola 1, os alunos do professor A tiveram, em média, notas significantemente maiores do que os alunos dos professores C e D;
- na escola 2, os alunos do professor H tiveram, em média, notas significantemente maiores do que os alunos dos outros professores;
- na escola 3, os alunos do professor J alcançaram nota média significantemente maior do que os alunos dos outros professores.

Tabela 10.4. Médias das notas dos alunos segundo a escola e o professor

Escola	Professor	Nota média	Significância	
1	A	6,4	a	
	B	5,5	a	b
	D	5,3		b
	C	5,2		b
2	H	7	a	
	F	5,9		b
	E	5,7		b
	G	5		b
3	J	9,2	a	
	I	8		b
	M	7,5		b
	L	7,3		b

10.1.2. Cálculo dos Valores *F*

Nos experimentos hierárquicos os efeitos são, em geral, aleatórios e se um fator fixo estiver aninhado em um efeito aleatório, deve também ser considerado aleatório. Veja, então, como são feitos os cálculos dos valores *F*.

Quando os efeitos de A e B são aleatórios, ou quando o efeito de A é aleatório e o efeito de B é fixo, o cálculo de *F* é assim obtido:

- A e B aleatórios, ou A fixo e B aleatório:
  - Para a causa de variação A

$$\frac{QMA}{QMBdentroA}$$

  - Para a causa de variação B dentro de A

$$\frac{QMBdentroA}{QMR}$$

Quando os efeitos de A e B são fixos, ou quando o efeito de A é fixo e o efeito de B é aleatório, o cálculo de *F* é assim obtido:

- A e B fixos, ou A aleatório e B fixo:
  - Para a causa de variação A

$$\frac{QMA}{QMR}$$

  - Para a causa de variação B dentro de A

$$\frac{QMBdentroA}{QMR}$$

10.2. Experimentos com Parcelas Subdivididas

Nos experimentos com *parcelas subdivididas* (*split-plots*) existem dois tipos de tratamento em comparação: os principais e os secundários. Os *tratamentos principais* são designados às parcelas da maneira usual:

- se as parcelas são similares, sorteiam-se os tratamentos (delineamento completamente ao acaso);
- se as parcelas *não* são similares, organizam-se blocos; depois, os tratamentos são sorteados dentro de cada bloco (delineamento em blocos).

Feito o sorteio dos tratamentos principais, as parcelas são subdivididas em tantas subparcelas quantos sejam os tratamentos secundários; os *tratamentos secundários* são, então, sorteados para cada subparcela (subdivisão da parcela).

Para entender o procedimento, imagine que você quer estudar o efeito de dois métodos de irrigação (I_1, I_2) associados a quatro fertilizantes (F_1, F_2, F_3, F_4) sobre o crescimento em peso de uma hortaliça. Para isso, dispõe de dez canteiros, mas se depara com um problema prático: canteiros podem ser divididos em partes para a aplicação de fertilizantes, desde que seja feita bordadura, mas você acha complicado irrigar parte do canteiro pelo primeiro método sorteado e irrigar a outra parte pelo outro método. Então um delineamento em esquema fatorial é logo descartado e a opção é por parcelas subdivididas.

Se os canteiros forem similares, é certo conduzir um experimento com delineamento completamente ao acaso. Os dois métodos de irrigação (I_1, I_2) serão os *tratamentos principais,* designados ao acaso. Cada canteiro será uma parcela. Cada parcela será subdividida em quatro subparcelas. Os *tratamentos secundários* (fertilizantes, F_1, F_2, F_3, F_4) serão designados às subparcelas também ao acaso. Um possível esquema de campo para esse experimento está na Figura 10.4.

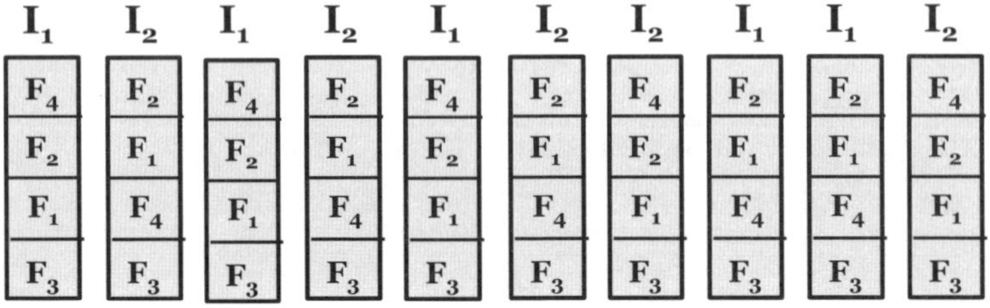

Figura 10.4. Delineamento de um experimento completamente ao acaso com 10 parcelas divididas em 4 subparcelas

Se houver diferenças entre canteiros, devem ser formados blocos com canteiros similares. Os dois métodos de irrigação (tratamentos principais) são sorteados para os canteiros de cada bloco e depois, dentro de cada canteiro, são sorteados os fertilizantes (tratamentos secundários). Veja o esquema na Figura 10.5. Mas em um experimento real, com esse delineamento, seria aconselhável pelo menos nove blocos.

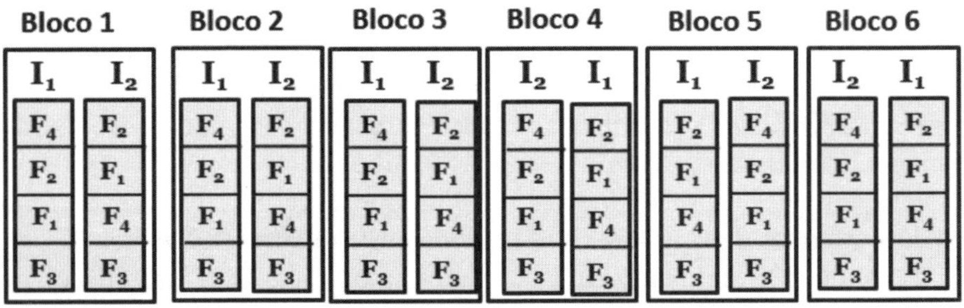

Figura 10.5. Delineamento de um experimento em blocos com 6 blocos e 12 parcelas divididas em 4 subparcelas

Às vezes o pesquisador pode *optar entre um experimento com parcelas subdivididas e um experimento fatorial.* Por exemplo, para comparar o crescimento em peso de três variedades V_1, V_2, V_3 de uma hortaliça usando dois espaçamentos, E_1 e E_2, se as parcelas forem similares, o pesquisador pode optar por um delineamento completamente ao acaso com parcelas subdivididas. Poderia sortear os espaçamentos E_1 e E_2 às parcelas já desenhadas no campo e depois dividir essas parcelas em três, para aí sortear as variedades V_1, V_2, V_3.

Mas o pesquisador pode, também, optar por um fatorial 2 × 3. Para comparar o crescimento em peso de três variedades de uma hortaliça usando dois espaçamentos, haveria seis tratamentos em comparação: E_1V_1, E_1V_2, E_1V_3, E_2V_1, E_2V_2 e E_2V_3. Tais tratamentos devem ser sorteados às parcelas. Se as parcelas forem similares, o pesquisador deve optar por um delineamento completamente ao acaso.

Qual é o critério para optar por um ou outro delineamento? O pesquisador deve fazer um experimento com parcelas subdivididas toda vez que:

- a parcela for uma "unidade física" (um vaso, um animal, um canteiro) que pode receber vários tratamentos secundários;
- o tratamento principal exige "grandes parcelas" – como é o caso da irrigação e de alguns processos industriais;
- o pesquisador pode comparar tratamentos primários com menor precisão.

10.2.1. Análise dos Dados

Para entender a análise de dados de experimentos com parcelas subdivididas, veja o exemplo apresentado na Tabela 10.5. É um delineamento em blocos.

- São *quatro blocos* (I, II, III e IV).
- Cada bloco tem *três parcelas*, que receberam os tratamentos principais A_0, A_1, A_2. Esses tratamentos foram sorteados às parcelas dentro de blocos.
- As parcelas foram subdivididas em *duas subparcelas*, que receberam os tratamentos secundários b_0 ou b_1. Os tratamentos secundários foram sorteados dentro de cada parcela.

Tabela 10.5. Dados de um experimento (fictício) com delineamento em blocos ao acaso com parcelas subdivididas

	A_0		A_1		A_2	
Bloco	b_0	b_1	b_0	b_1	b_0	b_1
I	58	44	85	59	66	54
II	77	59	90	68	93	75
III	38	30	73	45	67	53
IV	52	34	77	55	64	48

Usando um software de estatística, você obtém as médias apresentadas na Tabela 10.6.

Tabela 10.6 Médias dos dados da Tabela 10.5

Tratamento secundário	Tratamento Principal		
	A_0	A_1	A_2
b_0	56,25	81,25	72,5
b_1	41,75	56,75	57,5

Até que ponto as diferenças observadas entre as médias de tratamentos principais e secundários são suficientemente grandes para serem tomadas como evidência de que há diferença significante entre eles? É preciso uma *análise de variância.*

10.2.2. Análise de Variância

A análise de variância dos dados apresentados na Tabela 10.5 está na Tabela 10.7.

Tabela 10.7. Análise de variância dos dados da Tabela 10.5

Causa de variação	GL	SQ	QM	*F*	*p*-valor
Tratamentos A	2	1.792	896	16,8	0,003
Blocos	3	2.352	784	14,7	
Resíduo (a)	6	320	53,33		
Parcelas	11	4.464			
Tratamentos b	1	1.944	1.944	306,95	0,000
Interação A x b	2	127	63,5	10,03	0,005
Resíduo (b)	9	57	6,333		
Total	23	6.592			

Observando os *p*-valores que estão na Tabela 10.7, é fácil ver que a interação entre tratamentos A e b é significante no nível de 5%. Devem, então, ser comparados os tratamentos b dentro de A. Para isso, pode ser usado o teste de Tukey. Você pode optar por um software de estatística ou proceder aos cálculos. No nível de 5% de significância tem-se:

$$HSD = 5{,}02\sqrt{\frac{6{,}333}{4}} = 6{,}32$$

A Tabela 10.6 apresenta as médias de tratamentos b dentro de A. Compare essas médias, aplicando o teste de Tukey no nível de significância de 5%. O espaçamento b_0 dá, em média, melhores resultados do que o espaçamento b_1 nos três níveis de A. Veja em gráfico na Figura 10.6.

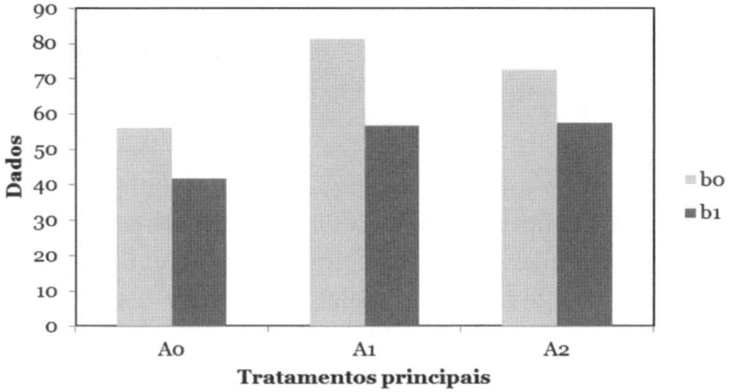

Figura 10.6. Médias dos dados da Tabela 10.5

10.3. Algumas Considerações

Nas ciências experimentais, o modelo hierárquico é usado para estudar a variabilidade de "fatores que variam dentro de outros fatores". Por exemplo, um pesquisador utiliza um modelo hierárquico com efeitos aleatórios para estudar a variabilidade de concentração de uma vitamina em frutos tomados ao acaso de árvores tomadas ao acaso de pomares tomados ao acaso em determinada região.

Os experimentos com parcelas subdivididas são idcais para comparar "tratamentos dentro de tratamentos", desde que seja possível "subdividir" cada unidade experimental. Por exemplo, para comparar dois métodos de preparo de solo e três fertilizantes, pode ser feito um experimento em parcelas subdivididas. Neste caso, preparo de solo seria tratamento principal e fertilizante seria tratamento secundário. Mas é preciso levar em consideração que, como há dois tamanhos das unidades experimentais, isto é, parcelas e subparcelas, a precisão dos resultados é diferente: os tratamentos designados às subparcelas são comparados com maior precisão.

Também são analisados, como parcelas subdivididas, os experimentos em que as unidades (parcelas) são observadas ao longo do tempo (cada tempo é uma subparcela). Mas como o tempo não pode ser sorteado, estes experimentos não se enquadram, a rigor, na definição de parcela subdividida. Por essa razão, nesses casos, os valores de F devem ser interpretados com muita cautela.

10.4. Resumo

O modelo hierárquico é usado para estudar a variabilidade de "fatores que variam dentro de outros fatores". Comparam-se fatores aninhados (*nested*) em outros.

Os experimentos com parcelas subdivididas comparam "tratamentos dentro de tratamentos", subdividindo cada unidade experimental. Há dois tipos de tratamento em comparação: os principais e os secundários. Os *tratamentos principais* são designados às parcelas da maneira usual. Depois as parcelas são subdivididas em tantas subparcelas quantos sejam os *tratamentos secundários*, que são então sorteados às subparcelas, dentro de cada parcela.

Às vezes o pesquisador pode *optar entre um experimento com parcelas subdivididas e um experimento fatorial.*

10.5. Exercícios

1. Para avaliar o efeito do espaçamento e a da densidade das plantas sobre o rendimento do amendoim[1], foi conduzido um experimento em parcelas subdivididas em três blocos ao acaso, devido à variação de fertilidade do solo. Os tratamentos principais foram dois espaçamentos entrelinhas (linhas simples e linhas duplas) e os tratamentos secundários foram quatro distâncias entre plantas. Faça o desenho do experimento.
2. Um pesquisador quer estudar a variabilidade da velocidade de queima de diferentes partidas de carvão, compradas de diferentes fornecedores. Faça o desenho do experimento.
3. Delineie um experimento para comparar a produção média de três variedades de aveia recebendo quatro níveis de nitrogênio em seis blocos[2].

---

[1] Com base em:
Machado, A. N.; Siewerdt, L.; Zonta, E.P., Vahl, L. C.; Coelho, R. W.; FERREIRA.O. G. L.; Affonso, A. B. Rendimento do Amendoim-forrageiro estabelecido sob diferentes Arranjos Populacionais de Plantas em Planossolo. *Ciência Animal Brasileira* v. 6, n. 3, p. 151-162, jul./set. 2005

[2] Com base em:
Meier, L.Seminar für Statistik. Disponível em: https://stat.ethz.ch/education/semesters/as2015/anova/08_Split_Plots.pdf. Acesso em 27 de janeiro de 2021

4. Analise os dados de um experimento em modelo hierárquico, onde o tratamento principal é aleatório e o tratamento secundário é fixo, apresentados na tabela dada em seguida.

Dados de um experimento (fictício)

A_1		A_2		A_3		A_4	
b_1	b_2	b_3	b_4	b_5	b_6	b_7	b_8
4,6	5,6	5,4	6,2	6,3	6,5	5,5	9,2
5,3	6,6	4,9	6,4	5,6	7,1	6,5	8,1
5,2	5,4	5,2	6,5	5,1	6,7	6,6	8,3
5,0	5,3	4,9	6,1	5,6	6,9	6,7	8,5
5,9	5,1	5,6	6,8	5,4	6,8	6,2	8,4

5. Analise os dados do experimento em blocos ao acaso, com parcelas subdivididas, apresentados na tabela abaixo:

Dados de um experimento (fictício)

	A_0			A_1			A_2			A_3		
Bloco	b_0	b_1	b_2	b_0	b_1	b_2	b_0	b_1	b_2	b_0	b_1	b_2
I	89	95	104	90	94	98	91	90	101	72	76	80
II	64	72	80	77	83	92	77	82	87	56	56	62

CAPÍTULO 11

Mais Testes para Comparação de Médias

Os softwares de estatísticas apresentam diversos testes para a comparação de médias porque – como já foi dito – não existe um teste definitivamente "melhor" do que todos os outros em todas as situações. Diante das várias opções, o usuário de estatística pode ficar sem saber qual é a melhor opção, se não tiver ideia das indicações e restrições de cada teste.

O Capítulo 5 apresenta três testes para a comparação de médias: o teste de Tukey, o teste de Dunnett e o teste de Scheffé. Aqui são apresentados mais alguns testes e discutidas as especificidades de cada um. De qualquer forma, não é fácil escolher um teste de médias. Mas veja, na Figura 11.1, as opções que vamos discutir. Softwares de estatística fazem estes testes ou – até mesmo – uma calculadora (calculator) que você encontra facilmente na internet. Apesar disso, optamos por mostrar, neste Capítulo, todos os cálculos.

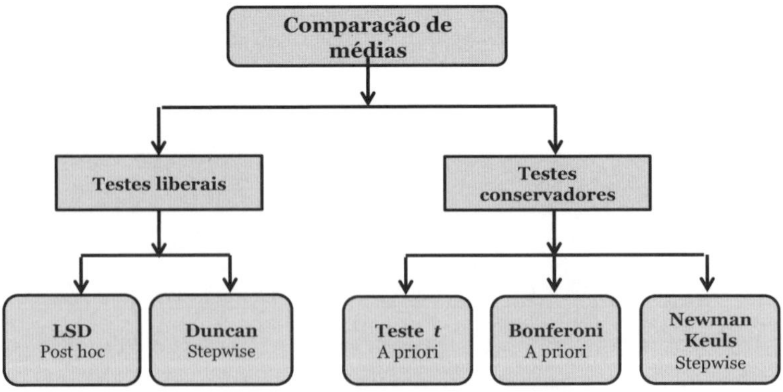

Figura 11.1 Teste de médias.

11.1 Testes para a Comparação de Médias

11.1.1. Teste *LSD* de Fisher

Fisher, um estatístico famoso por ter liderado os estudos das ciências experimentais no início do século XX, foi quem primeiro pensou na questão da comparação de médias. Ele propôs que fosse calculada uma *diferença mínima significante,* que em inglês é *least significant difference* e a chamou de *LSD.* Essa diferença seria o instrumento de medida. De acordo com o teste, toda vez que o valor absoluto da diferença entre duas médias é igual ou maior do que a diferença mínima significante, as médias são consideradas estatisticamente diferentes no nível de significância estabelecido.

Para obter a diferença mínima significante (*LSD*) pelo teste de Fisher, é preciso calcular:

$$LSD = t_{\alpha,gl}\sqrt{\frac{2 \times \text{QMR}}{r}}$$

- $t_{\alpha,gl}$ é o valor encontrado na tabela de t no nível de significância α estabelecido e com o número de graus de liberdade (gl) do resíduo da análise de variância;
- QMR é o quadrado médio do resíduo da análise de variância;
- r é o número de repetições de cada tratamento.

▶ Exemplo de procedimento para o teste *LSD* de Fisher

Considere os dados da Tabela 11.1, já apresentados no Capítulo 5.

Tabela 11.1. Dados de um experimento (fictício)

Tratamentos					
A	B	C	D	E	Controle
25	10	18	23	11	8
17	–2	8	29	23	–6
27	12	4	25	5	6
21	4	14	35	17	0
15	16	6	33	9	2

Os dados da Tabela 11.1 foram submetidos à análise de variância. Os resultados dessa análise estão na Tabela 11.2.

Tabela 11.2. Análise de variância dos dados da Tabela 11.1

Causa de variação	GL	SQ	QM	*F*	*p*-valor
Tratamentos	5	2.354,17	470,83	13,079	0,000
Resíduo	24	864,00	36,00		
Total	29	3.218,17			

O valor de *F* é significante no nível de 5%. As médias dos tratamentos podem ser comparadas duas a duas (*pairwise comparisons*) usando o teste *LSD* de Fisher.

Para o nível de significância de 5% e 24 os graus de liberdade do resíduo da análise de variância, a tabela de *t* fornece $t = 2{,}064$. O quadrado médio do resíduo é $QMR = 36{,}00$ e o número de repetições de cada tratamento é $r = 5$. Então:

$$LSD = 2{,}064\sqrt{\frac{2 \times 36{,}00}{5}} = 7{,}832$$

As comparações de médias dos seis tratamentos estão organizadas na Tabela 11.3.

Tabela 11.3. Comparação das médias dos valores da Tabela 11.1. Teste *LSD* de Fisher

Tratamento	Média	Significância			
D	29	a			
A	21		b		
E	13			c	
C	10			c	
B	8			c	d
Controle	2				d

Nota: médias que não compartilham letra são significantemente diferentes.

O *LSD* de Fisher é o teste mais simples para a comparação de médias e tem a vantagem de usar a tabela de distribuição *t*, bem conhecida. Além disso, é um teste poderoso, isto é, tem alta probabilidade de rejeitar a hipótese de igualdade de médias quando essa hipótese é falsa. No entanto, se você comparar, a determinado nível de significância, várias médias duas a duas (*pairwise comparisons*) usando o teste *t*, o nível de significância para experimentos (*experimentwise Type I error rate*) fica extremamente alto.

Isto acontece porque o teste *LSD* de Fisher fixa o erro tipo I para comparação de médias (*comparisonwise Type I error rate*)[1].

A relação entre o nível de significância para experimentos (α_e) e o nível de significância para comparação de médias (α_c) é a seguinte:

$$\alpha_e = 1 - (1 - \alpha_c)^{t-1}$$

Nessa fórmula:

- α_e é o nível de significância para experimentos.
- α_c é o nível de significância para comparação de médias.
- t é o número de médias em comparação

No exemplo, o número de tratamentos é $t = 6$. Como foi estabelecido, para a comparação de médias, o nível de significância $\alpha_e = 0{,}05$, o nível de significância para experimentos é muito alto. Veja:

$$\alpha_e = 1 - (1 - 0{,}05)^{6-1} = 1 - 0{,}95^5 = 0{,}2262$$

Para o caso particular em que o número de tratamentos é dois ($t = 2$), o nível de significância do teste *LSD* de Fisher para experimentos é igual ao nível de significância para comparação de médias. O teste *LSD* de Fisher fica, então, igual ao teste t de Student.

$$\alpha_e = 1 - (1 - \alpha_c) = \alpha_c$$

Muitos autores impõem restrição à aplicação do teste *LSD* de Fisher. De acordo com esses autores, quando o número de tratamentos é maior que dois ($t > 2$), o teste *LSD* de Fisher só é válido *se as comparações de médias forem pré-planejadas* (*preplanned comparisons*) *e em número igual ao número de graus de liberdade de tratamentos*[2]. No exemplo apresentado, havia *seis tratamentos* em comparação. Então, só poderiam ser feitas *cinco comparações de médias*. Dada essa restrição, o razoável seria comparar as médias de tratamentos com a média do controle[3].

A explicação para a exigência de que as comparações de médias sejam escolhidas antes de os dados serem obtidos é simples: se o pesquisador olhar as médias que obteve para depois escolher as que irá comparar, provavelmente escolherá aquelas que têm as maiores diferenças[4]. Essas diferenças

---

[1] Veja a Seção 5.2 deste livro.

[2] Ainda, alguns também insistem em que os contrastes sejam ortogonais. Esta exigência não é tratada aqui porque o teste t praticamente não é usado em ciências agrárias.

[3] Estes contrastes foram submetidos ao teste de Dunnett, no Capítulo 6.

[4] O pesquisador se sente compensado quando uma diferença é "significante".

tanto podem ser reais como casuais. Então, escolhendo comparar as maiores diferenças, o pesquisador estaria aumentando a probabilidade de erro tipo I porque, em uma porcentagem provavelmente alta das comparações escolhidas, as diferenças observadas teriam ocorrido por acaso[5].

11.1.2. Teste de Bonferroni

O *teste de Bonferoni* é um ajuste para o teste *LSD* de Fisher, que torna o nível de significância para experimentos igual ou menor que o nível de significância estabelecido para a comparação de médias. É um teste para avaliar um número pequeno de contrastes, que devem ser escolhidos antes de serem obtidos os resultados experimentais.

Para entender a racional do teste de Bonferoni, considere um experimento com t tratamentos. Podem ser feitas m comparações de médias duas a duas:

$$m = \binom{t}{2} = \frac{t\,(t-1)}{2}$$

A proposta de Bonferoni é a de que seja feito o teste para cada contraste de médias no nível de significância

$$\alpha' = \alpha / m$$

Nessa fórmula:

- α' é o nível de significância
- α é o nível de significância usado nas comparações de médias.
- m é o número de comparações de médias duas a duas

O conjunto de contrastes ficaria, então, no nível de significância $m\alpha' = \alpha$.

Só para exemplificar, considere que $t = 3$, isto é, há três tratamentos, A, B, e C em comparação. São possíveis três comparações de médias duas a duas. Para o nível de significância a, Bonferoni recomenda usar $\alpha' = \alpha/3$ como nível de significância para cada teste.

Se as médias (parâmetros) forem iguais, a probabilidade de rejeitar erradamente as hipóteses em teste é $\alpha \times \alpha \times \alpha = 3\alpha$. Portanto, se cada comparação de médias for feita no nível $\alpha/3$, o nível de significância para experimentos fica sendo α.

Para fazer o teste:

- Estabeleça o número m de médias a serem comparadas.

[5] MONTGOMERY, D. C. **Design and analysis of experiments**. 9 ed. New York : Wiley, 2017.

- Para obter o nível α de significância para experimentos (*experimentwise Type I error rate*), use α/m como nível de significância para cada comparação de médias.

▶ Exemplo de procedimento para o teste de Bonferoni

Considere os dados apresentados na Tabela 11.1. A análise de variância que está na Tabela 11.2 resultou em valor de *F* significante. As médias dos dados da Tabela 11.1 podem ser comparadas usando o teste de Bonferoni. Como o experimento tem seis tratamentos, o número máximo de comparações de médias duas a duas é:

$$\binom{6}{2} = \frac{6\,(6-1)}{2} = 15$$

Para ter nível de significância para experimentos (*experimentwise Type I error rate*) $\alpha = 0{,}05$, as comparações de médias devem ser feita no nível de significância

$$\alpha' = \frac{\alpha}{m} = \frac{0{,}05}{15} = 0{,}0033$$

No nível de significância de 0,33% e com 24 graus de liberdade, $t = 3{,}26$. O quadrado médio do resíduo da análise de variância é $QMR = 36{,}00$ e o número de repetições de grupos é $r = 5$. Então:

$$LSD = 3{,}263 \times \sqrt{\frac{2 \times 36{,}00}{5}} = 12{,}380$$

Os resultados das comparações de médias estão na Tabela 11.4.

Tabela 11.4. Comparação das médias dos valores da Tabela 11.1 Teste de Bonferoni

Tratamento	Média	Significância		
D	29	a		
A	21	a	b	
E	13		b	c
C	10		b	c
B	8			c
Controle	2			c

Nota: médias que não compartilham letra são significantemente diferentes.

Compare os resultados obtidos com o teste *LSD* de Fisher e com o teste de Bonferoni. Você acha mais diferenças significantes de médias com o teste *LSD* de Fisher porque o nível de significância para comparação de médias no teste de Fisher é alto e o teste de Bonferoni ficou muito baixo (no exemplo, 0,0033).

Então, só aplique o teste de Bonferoni se o número de comparações de médias for pequeno. O teste fica muito conservador quando o número de médias em comparação é grande.

11.1.3. Teste das Amplitudes Múltiplas de Duncan

Se a análise de variância resultou em um valor F significante, você pode proceder a um teste de Duncan para comparar médias. O teste de Duncan compara a *amplitude de um conjunto de médias* com a *amplitude estudentizada mínima significante* (*least significant studentized range*)

O procedimento deste teste é diferente do procedimento usado pelos testes que vimos até aqui. Para entender, imagine que estão sendo comparados $t = 3$ tratamentos. As médias desses tratamentos foram calculadas e a média do primeiro tratamento é menor que a do segundo, a do segundo menor que a do terceiro, isto é:

$$\bar{y}_1 < \bar{y}_2 < \bar{y}_3$$

Veja o esquema dado em seguida: primeiro você calcula a amplitude das médias, que é dada pela diferença entre a maior média e a menor. Compara a amplitude calculada com a *amplitude estudentizada mínima significante* (*least significant studentized range*), usando a fórmula dada logo adiante. Se a comparação resultar significante, você compara a maior média com a segunda menor, e a segunda maior com a menor; nestes dois casos, $m = 2$. Esse procedimento é conhecido, em estatística, como *passo a passo* (*stepwise*).

$$\bar{y}_3 \qquad \bar{y}_2 \qquad \bar{y}_1$$

A *amplitude estudentizada mínima significante* R_m é definida por:

$$R_m = r_m \sqrt{\frac{QMR}{r}}$$

Nessa fórmula:

- r_m é um valor obtido na tabela de valores críticos para o teste de Duncan[6]. Depende do nível de significância estabelecido, do número m de médias abrangidas pela amplitude calculada e do número de graus de liberdade do quadrado médio do resíduo da análise de variância.
- *QMR* é o quadrado médio do resíduo da análise de variância.
- r é o número de repetições em cada grupo[7].

▶ Exemplo de procedimento para o teste de Duncan

Veja o exemplo dado na Tabela 11.1. A análise de variância (ANOVA) resultou em *F* significante. Para proceder ao teste de Duncan, escreva as médias de tratamentos em ordem decrescente, como mostrado na Tabela 11.5

Tabela 11.5. Médias segundo o tratamento (em ordem decrescente)

Tratamento					
D	A	E	C	B	Controle
29,00	21,00	13,00	10,00	8,00	2,00

Calcule a amplitude do conjunto das seis médias, fazendo a diferença entre a maior média (29,00, do tratamento D) e a menor (2,00, do controle). O número de médias abrangidas no cálculo dessa amplitude é $m = 6$. A amplitude desse conjunto de médias é

$$29{,}00 - 2{,}00 = 27{,}00.$$

Agora, calcule a amplitude estudentizada mínima significante. Você precisa do quadrado médio do resíduo da análise de variância (Tabela 11.2), que é $QMR = 36{,}00$ e está associado a 24 graus de liberdade. O número de repetições é $r = 5$.

O valor de r_m é obtido na tabela de valores críticos para o teste de Duncan. Veja a Tabela 11.6, que traz parte dessa tabela. No nível de significância de 5%, para $m = 6$ e 24 graus de liberdade no resíduo, $r_m = 3{,}276$. Logo, o valor de R_6 no nível de significância de 5% é:

$$R_6 = 3{,}276 \times \sqrt{\frac{36{,}00}{5}} = 8{,}790$$

[6] Valores críticos de r_m de Duncan para o nível de significância de 5%. 2021. Disponível em htpp://tabelasanova.blogspot.com/rm

[7] Quando os tratamentos são de tamanhos diferentes, substitua r pela média harmônica dos tamanhos dos tratamentos.

A amplitude calculada do conjunto de médias (diferença entre as médias do tratamento D e do controle) é maior do que a amplitude estudentizada mínima significante (R_6 = 8,790). Portanto, a média de D é significantemente maior do que a média do controle (α = 0,05).

Tabela 11.6. Amplitude estudentizada mínima significante (nível de significância de 5%)

Nº de graus de liberdade do resíduo	Nº *m* de médias abrangidas				
	2	3	4	5	6
24	2,919	3,066	3,160	3,226	**3,276**
30	2,888	3,035	3,131	3,199	3,250
40	2,858	3,006	3,102	3,171	3,224
60	2,829	2,976	3,073	3,143	3,198
120	2,800	2,947	3,045	3,116	3,172
	2,772	2,919	3,017	3,089	3,146

Fonte: Least Signficant Studentized Ranges For Duncan's Test - Springer link.springer.com/chapter/10.1007%2F978-1-4613-9629-1_13.

O teste de Duncan não termina aqui. Ele é sequencial (passo a passo) porque, primeiro, procura a significância do conjunto de médias com maior amplitude. Se essa amplitude for significante, a regra é buscar a significância dos conjuntos com menor amplitude, em sequência. O teste termina quando é encontrada uma amplitude não significante.

Como a maior amplitude de médias é significante, devem ser buscadas as amplitudes de conjuntos com cinco médias. Calcule as duas amplitudes:

$$\text{D} - \text{B} = 29{,}00 - 8{,}00 = 21{,}00$$

$$\text{A} - \text{controle} = 21{,}00 - 2{,}00 = 19{,}00$$

Para conjuntos com cinco médias, a amplitude estudentizada mínima significante é dada por:

$$R_5 = 3{,}226 \times \sqrt{\frac{36{,}00}{5}} = 8{,}656$$

As amplitudes calculadas (D – B) e (A -controle) são significantes no nível de 5% porque são maiores que a amplitude estudentizada mínima significante nesse nível (R_5=8,656). Você deve, então, calcular as amplitudes que abrangem m = 4 médias. São elas:

D – C: 29 – 10 = 19

A – B: 21 – 8 = 13

E – controle: 13 – 2 = 11.

Para conjuntos com quatro médias, a amplitude estudentizada mínima significante é dada por:

$$R_4 = 3{,}160 \times \sqrt{\frac{36{,}00}{5}} = 8{,}479$$

Como todas as comparações de amplitudes que abrangem *m* = 4 médias são significantes no nível de 5%, devem ser analisadas as amplitudes de conjuntos com três médias. São:

D – E: 29 – 13 = 16

A – C: 21 – 10 = 11

E – B: 13 – 8 = 5

C – controle: 10 – 2 = 8.

A amplitude estudentizada mínima significante *para conjuntos com três médias é*:

$$R_3 = 3{,}066 \times \sqrt{\frac{36{,}00}{5}} = 8{,}227$$

A amplitude (D – E) e a amplitude (A – C) são maiores que amplitude estudentizada mínima significante no nível de 5%. Essas amplitudes são, portanto, significantes e podem ser comparadas as amplitudes que elas abrangem:

D – A: 29 – 21 = 8

A – E: 21 – 13 = 8

A amplitude (E – B) e a amplitude (C – controle) são menores que a amplitude estudentizada mínima significante no nível de 5%. Logo, as amplitudes que elas abrangem não podem ser comparadas.

Para conjuntos com duas médias, a amplitude estudentizada mínima significante *é*:

$$R_2 = 2{,}919 \times \sqrt{\frac{36{,}00}{5}} = 7{,}832$$

Então, a amplitude (D – A) e a amplitude (C – controle) são, ambas, significantes no nível de 5%.

Os resultados obtidos com o teste de Duncan estão sumarizados na Tabela 11.7.

Tabela 11.7. Comparação das médias dos valores da Tabela 11.1 Teste de Duncan

Tratamento	Média	Agrupamento			
D	29,00	a			
A	21,00		b		
E	13,00			c	
C	10,00			c	d
B	8,00			c	d
Controle	2,00				d

É usual apresentar os resultados do teste de Duncan como segue:

Controle B C E A D

11.1.4. Teste de Student-Newman-Keuls

Se você aprendeu a fazer o teste de Duncan, está apto a fazer o teste de Student-Newman-Keuls, que tem melhores propriedades, mas segue a mesma estrutura de procedimento. Da mesma forma que fizemos no teste de Duncan, é preciso calcular várias *diferenças críticas* para fazer a comparação de médias, ou seja, o teste de Student-Newman-Keuls também é passo a passo. A diferença está em que, ao invés de buscar o r_m na tabela de amplitude estudentizada mínima significante de Duncan, você busca o valor de q na tabela da amplitude estudentizada de Tukey.

Mas o teste de Student-Newman-Keuls tem mais poder do que o teste de Tukey. É, portanto, menos conservador. Isto acontece porque o teste de Tukey mantém o nível de significância para experimentos igual ao valor estabelecido para α, o que não acontece com o teste de Student-Newman-Keuls.

De qualquer forma, você pode proceder a um teste de Student-Newman-Keuls se a análise de variância resultou em um valor F significante, O teste compara a *amplitude de um conjunto de médias* com a *amplitude estudentizada mínima significante* (*least significant studentized range*)

A *amplitude estudentizada mínima significante* d_m é definida por:

$$d_m = q_{(\alpha,\ m, gl)} \sqrt{\frac{QMR}{r}}$$

Nessa fórmula:

- $q_{(\alpha,\ m, gl)}$ é obtido na tabela de amplitude estudentizada de Tukey no *nível de significância* α, para comparar médias que abranjam *m médias ordenadas* na lista de *t* médias em comparação, com o número de graus de liberdade do resíduo da análise de variância (*gl*).
- *QMR* é o quadrado médio do resíduo da análise de variância.
- *r* é o número de repetições por grupo.

O teste consiste em declarar duas médias como estatisticamente diferentes se o valor absoluto da amplitude entre elas for igual ou maior do que a amplitude estudentizada mínima significante.

▶ Exemplo de procedimento para o teste de Student-Newman-Keuls

Os dados apresentados na Tabela 11.1 foram submetidos à análise de variância apresentada na Tabela 11.2. Como *F* é significante no nível de 5%, existe pelo menos uma média diferente das demais. Para apontar as médias estatisticamente diferentes, você pode aplicar o teste de Student-Newman-Keuls. A Tabela 11.8 reapresenta as médias dos dados da Tabela 11.1 em ordem crescente.

Tabela 11.8. Médias segundo o tratamento (em ordem crescente)

Tratamento					
D	A	E	C	B	Controle
29	21	13	10	8	2

Calcule a amplitude do conjunto das seis médias, fazendo a diferença entre a maior média (29,00, do tratamento D) e a menor (2,00, do controle). O número de médias abrangidas no cálculo dessa amplitude é *m* = 6. A amplitude desse conjunto de médias é

$$29{,}00 - 2{,}00 = 27{,}00.$$

Agora, calcule a amplitude estudentizada mínima significante. Você precisa do quadrado médio do resíduo da análise de variância (Tabela 11.2), que é $QMR = 36{,}00$ e está associado a 24 graus de liberdade. O número de repetições é $r = 5$.

O valor de $q_{\alpha,m,gl}$ é obtido na tabela da amplitude estudentizada de Tukey. No nível de significância de 5%, para $m = 6$ e 24 graus de liberdade no resíduo, $q = 4{,}373$. Logo, o valor de R_6 no nível de significância de 5% é:

$$d_6 = 4{,}373 \times \sqrt{\frac{36{,}00}{5}} = 11{,}734$$

A amplitude calculada do conjunto de médias (diferença entre as médias do tratamento D e do controle) é maior do que a amplitude estudentizada mínima significante ($d_6 = 11{,}734$). Portanto, a média de D é significantemente maior do que a média do controle.

Devem então ser buscadas as amplitudes de conjuntos com cinco médias. Calcule:

$$\text{D} - \text{B} = 29{,}00 - 8{,}00 = 21{,}00$$

$$\text{A} - \text{controle} = 21{,}00 - 2{,}00 = 19{,}00$$

Para conjuntos com cinco médias, a amplitude estudentizada mínima significante é dada por:

$$d_5 = 4{,}166 \times \sqrt{\frac{36{,}00}{5}} = 11{,}178$$

As amplitudes calculadas (D – B) e (A – controle) são significantes no nível de 5% (são maiores que a amplitude estudentizada mínima significante nesse nível, R_5=11,178). Calcule as amplitudes que abrangem m = 4 médias. São elas:

$$\text{D} - \text{C}: 29 - 10 = 19$$

$$\text{A} - \text{B}: 21 - 8 = 13$$

$$\text{E} - \text{controle}: 13 - 2 = 11.$$

Para conjuntos com quatro médias, a amplitude estudentizada mínima significante é dada por:

$$d_4 = 3{,}901 \times \sqrt{\frac{36{,}00}{5}} = 10{,}467$$

Como todas as comparações de amplitudes que abrangem m = 4 médias são significantes no nível de 5%, devem ser analisadas as amplitudes de conjuntos com três médias, que são:

D – E: 29 – 13 = 16

A – C: 21 – 10 = 11

E – B: 13 – 8 = 5

C – controle: 10 – 2 = 8.

A amplitude estudentizada mínima significante *para conjuntos com três médias é*:

$$d_3 = 3{,}532 \times \sqrt{\frac{36{,}00}{5}} = 9{,}477$$

A amplitude (D – E) e a amplitude (A – C) são maiores que amplitude estudentizada mínima significante no nível de 5%. Essas amplitudes são, portanto, significantes e podem ser comparadas as amplitudes que elas abrangem:

D – A: 29 – 21 = 8

A – E: 21 – 13 = 8

A amplitude (E – B) e a amplitude (C – controle) são menores que a amplitude estudentizada mínima significante no nível de 5%. Como não são significantes, as amplitudes que elas abrangem não podem ser comparadas.

Para conjuntos com duas médias, a amplitude estudentizada mínima significante *é*:

$$d_2 = 2{,}919 \times \sqrt{\frac{36{,}00}{5}} = 7{,}832$$

Então, a amplitude (D – A) e a amplitude (C – controle) são, ambas, significantes ao nível de 5%.

Os resultados obtidos com o teste de Student-Newman-Keuls podem ser sumarizados como mostra a Tabela 11.9.

Tabela 11.9. Comparação das médias dos valores da Tabela 11.1 Teste de Student-Newman-Keuls

Tratamento	Média	Agrupamento			
D	29,00	a			
A	21,00		b		
E	13,00			c	
C	10,00			c	d
B	8,00			c	d
Testemunha	2,00				d

11.1.5. Teste de Tukey-Kramer

Os testes vistos até aqui consideram grupos de mesmo tamanho. Para comparar médias de tratamentos que têm *número diferente de repetições,* é indicado o teste de Tukey-Kramer. O teste assume variâncias iguais e, portanto, continua a usar o quadrado médio do resíduo (QMR) obtido na análise de variância como estimativa de variância da variável.

Para obter o valor de *diferença mínima significante* (d_{ij}) entre as médias de dois grupos de tamanhos r_i e r_j (d_{ij}) pelo teste de Tukey-Kramer é preciso calcular:

$$d_{i,j} = q_{(\alpha,t,gl)} \sqrt{\frac{QMR}{2}\left(\frac{1}{r_i} + \frac{1}{r_j}\right)}$$

- $q_{(\alpha,t,gl)}$ é a amplitude estudentizada encontrada na tabela de amplitude estudentizada q no nível de significância estabelecido, para t grupos e os graus de liberdade do resíduo da análise de variância.
- QMR é o quadrado médio do resíduo da análise de variância.
- r_i e r_j são os números de repetições de cada um dos tratamentos em comparação.

▶ Exemplo de procedimento para o teste de Tukey-Kramer

A Tabela 11.10 apresenta os dados de um experimento com quatro grupos (marcas de chá). As médias dos grupos estão no rodapé dessa tabela. A Tabela 11.11 apresenta a análise de variância desses dados.

Tabela 11.10. Conteúdo de ácido fólico (vitamina B) em folhas de chá verde selecionadas ao acaso de quatro marcas (1)

Marcas			
1	2	3	4
7,9	5,7	6,8	6,4
6,2	7,5	7,5	7,1
6,6	9,8	5	7,9
8,6	6,1	7,4	4,5
8,9	8,4	5,3	5
10,1		6,1	4
9,6			
8,27	7,50	6,35	5,82

Fonte: Chen,T.S.,Lui, C. K.e Smith, C.K. Journal of American Dietetic Association [1983,82(6):627-32. Apud: Devore, J. L. Probability and Statistics for Engineering and Sciences. Brooks Cole, 2015. Online books. (1) Unidade de medida não encontrada.

Tabela 11.11. Análise de variância dos dados da Tabela 11.9

Causa de variação	GL	SQ	QM	*F*	*p*-valor
Marcas	2	23,496	7,832	3,749	0,028
Resíduo	20	41,778	2,089		
Total	23	65,273			

O teste para comparações de médias foi feito no nível de significância de 5%, de significância. Considerando $t = 4$ tratamentos e 20 graus de liberdade do resíduo, $q = 3,958$.

Para comparar a média da marca 1 com a média da marca 2, no nível de significância de 5%, é preciso calcular:

$$d_{1,2} = 3,958\sqrt{\frac{2,089}{2}\left(\frac{1}{7}+\frac{1}{5}\right)} = 2,369$$

Para comparar a média da marca 1 com a média da marca 3, com α = 5%, é preciso calcular:

$$d_{1,3} = 3,958\sqrt{\frac{2,089}{2}\left(\frac{1}{7}+\frac{1}{6}\right)} = 2,449$$

Procedendo da mesma maneira, são obtidos os valores de d_{ij} para as demais comparações. A Tabela 11.13 apresenta, com as diferenças das médias estimadas, os valores das d_{ij}. Toda vez que o valor absoluto da diferença entre duas médias for maior do que a respectiva d_{ij}, rejeita-se a hipótese de igualdade de médias.

Tabela 11.13. Comparação das médias dos valores da Tabela 11.10 Teste de Tukey-Kramer

Marcas comparadas	Nº de repetições	d_{ij}	Diferença de médias
1 e 2	7 e 5	2,37	8,27 – 7,50 = 0,77
1 e 3	7 e 6	2,25	8,27 – 6,35 = 1,92
1 e 4	7 e 6	2,25	8,27 – 5,82 = 2,45*
2 e 3	5 e 6	2,45	7,50 – 6,35 = 1,15
2 e 4	5 e 6	2,45	7,50 – 5,82 = 1,68
3 e 4	6 e 6	2,34	6,35 – 5,82 = 0,53

A interpretação dos resultados apresentados na Tabela 11.11 é a de que, em média, o conteúdo de ácido fólico no chá da marca 1 é maior do que o conteúdo de ácido fólico no chá da marca 4.

Obter as diferenças mínimas significantes pelo teste de Tukey-Kramer é trabalhoso porque, para cada comparação de médias, você precisa fazer um cálculo. Claro que os programas para computadores fazem a análise estatística rapidamente, mas nem sempre foi assim.

Então já se propôs, para comparar médias de tratamentos que têm diferente número de repetições, calcular a diferença mínima significante na forma tradicional proposta por Tukey, mas, na fórmula, em lugar de r (número de repetições de tratamentos) usar a média harmônica H dos números de repetições r_1, r_2, ... r_t dos t tratamentos. O nível de significância não fica exato, mas alguns programas para computadores adotam este procedimento. A fórmula fica como segue:

$$d_m = q_{(\alpha,t,gl)} \sqrt{\frac{QMR}{H}}$$

▶ Exemplo de procedimento para o cálculo da média harmônica

Para os dados da Tabela 11.11, verifique que o número de repetições em cada tratamento são 7, 5, 6, 6. Para calcular a média harmônica H, aplique a fórmula:

$$H = \frac{1}{\frac{1}{t}\sum_{i=1}^{t} \bar{y}_i}$$

Para o exemplo:

$$H = \frac{1}{\frac{\frac{1}{7}+\frac{1}{5}+\frac{1}{6}+\frac{1}{6}}{4}} = \frac{1}{0{,}169048} = 5{,}92$$

Então

$$d = 3{,}958\sqrt{\frac{2{,}089}{5{,}92}} = 2{,}352$$

Neste exemplo, a interpretação do teste permanece.

11.2. Algumas Considerações

É preciso fazer algumas considerações sobre os diversos testes estatísticos para a comparação de médias. Se o número de tratamentos for $t = 2$, todos os testes para comparação de médias dão o mesmo resultado. Nesse caso, é recomendável fazer apenas a análise de variância ou apenas aplicar o teste *t* de Student.

Imagine, agora, um experimento com mais de dois tratamentos, isto é, $t > 2$. Imagine ainda que as médias desses tratamentos serão comparadas no nível de significância de 0,05. Se o pesquisador optar

1. Pelo teste de Tukey ou pelo teste de Dunnett, o *nível de significância para experimentos* será 5%, mas o *nível de significância para as comparações de médias* será menor do que 5%.
2. Pelo teste *LSD* de Fisher (sem restrições), o *poder do teste* (probabilidade de rejeitar a hipótese de igualdade de médias dado que essa hipótese é falsa) é maior que nos demais, mas o nível de significância para experimentos será muito alto. Em palavras mais simples, se o pesquisador optar pelo teste *LSD* de Fisher, encontra mais respostas significantes, mas a probabilidade de estar errado nessa afirmativa é alta.
3. Pelo teste de Duncan ou pelo teste de Newman Keuls, o valor exato da probabilidade de cometer erro Tipo I não pode ser calculado devido à natureza sequencial (*stepwise*) desses testes. Por essa razão, não se recomenda aplicar esses testes para mais de quatro comparações de médias. De qualquer modo, se quiser um teste mais conservador, prefira o teste de Student Newman Keuls ao teste de Duncan.

Portanto, se o pesquisador quer *rejeitar a hipótese de que as médias são iguais com segurança*, isto é, quer ter baixa chance de errar nessa decisão, deve optar pelo teste de Tukey ou pelo teste de Dunnett (ou mesmo pelo *LSD* de Fisher, desde que para comparações planejadas). Dizemos que estes testes são *conservadores* (baixa probabilidade de rejeitar H_0).

No entanto, se o pesquisador quer ter *alta chance* de rejeitar a hipótese de que as médias são iguais, deve optar pelo teste *LSD* de Fisher ou pelo teste de Duncan. Estes dois testes têm características similares, mas o teste *LSD* de Fisher é mais antigo e, talvez por isso, mais conhecido. Também é de aplicação mais fácil. O teste de Duncan é, porém, preferível ao teste de Fisher quando o número de comparações de médias é grande. Dizemos que estes testes têm poder (probabilidade de rejeitar a hipótese de que as médias são iguais dado que essa hipótese é falsa). Mas o pesquisador também poderia optar por aplicar o teste de Tukey ou de Dunnett, com nível de significância mais elevado. Estes testes teriam, então, mais poder. Por exemplo, o teste de Tukey a 10% tem maior poder do que o teste de Tukey a 5%.

A necessidade de aplicar um teste com baixo nível de significância ocorre, por exemplo, quando se compara o efeito de um novo produto químico (seja herbicida ou um inseticida) com o efeito de um produto conhecido. Para apontar um novo produto como melhor e mudar práticas usuais – é preciso ter baixa probabilidade de errar nessa decisão. Efeitos colaterais ainda desconhecidos sempre são possíveis.

Mas nos experimentos em que se compara a produtividade agrícola de diferentes variedades (p. ex., de feijoeiros), muitas vezes é preciso um teste com grande poder. Isto porque, nesses casos, o importante é ter alta probabilidade de apontar a melhor resposta (mesmo aumentando a probabilidade de errar). Outras variáveis terão que ser analisadas – como resistência a doenças, custo, expectativas do consumidor, por exemplo. Então, aplicar um teste de Tukey a 5% para julgar apenas a produtividade pode ser inadequado.

A escolha entre o teste de Tukey ou o teste de Student-Newman-Keuls[8], por exemplo, que usam a mesma tabela de q, depende da necessidade racional – e bem explicada – de detectar diferenças significantes entre as médias. É grande a margem de opção tanto na escolha do teste de médias[9] como no estabelecimento do nível de significância. Mas convém lembrar que[10]:

- O teste de Bonferoni deve ser pré-planejado. É indicado apenas quando o número de comparações de médias é pequeno, pois se torna muito conservador quando o número de médias em comparação cresce.
- O teste de Scheffé tem excelentes propriedades matemáticas, embora seja excessivamente conservador. Aplica-se a qualquer contraste de médias e em qualquer delineamento.
- O teste de Tukey é o mais indicado para comparações de médias duas a duas.
- O teste de Dunnett é indicado para comparar todos os grupos tratados com um controle.

[8] Why we recommend you do not use the Newman-Keuls multiple range test. Disponível em: https://www.graphpad.com/support/faq/why-we-recommend-you-do-not-use-the-newman-keuls-multiple. *Acesso em 12 de abril de 2019.*

[9] Há outros testes para comparação de médias, que não foram tratados neste livro.

[10] DEAN, A.; VOSS, D.;DRAGULJIĆ, D. 2 ed. **Design and analysis of experiments**. New York: Springer, 2017.

Mas há mais considerações a fazer. Uma análise de variância e um teste de Tukey a 5% de significância podem ser, em alguns casos, muito conservadores. A grande vantagem dos testes conservadores é o fato de obrigarem o pesquisador mais afoito a fazer uma pausa. Não se fazem grandes descobertas todos os dias. Mas, no contexto geral, os testes de significância são menos úteis do que intervalos de confiança. Em muitos experimentos, parece óbvio que os tratamentos em teste têm diferenças, mesmo que pequenas. O intervalo de confiança pode complementar as informações obtidas pelo teste de significância.

Imagine que você está comparando a velocidade com que duas máquinas executam o mesmo trabalho[11]. Um teste de significância resultou não significante. Não há, portanto, evidência da superioridade de uma máquina sobre a outra. Mas você sabe que isso não "prova" que a velocidade das duas máquinas é a mesma.

Você então calcula o intervalo de confiança para a diferença de médias. Suponha que o intervalo que você calculou ficou entre –2 e +4 segundos. Uma diferença de 4 segundos não tem significado prático. Então você considera que não há diferença na velocidade das máquinas. Suponha agora que o intervalo de confiança calculado ficou entre –32 e 40 segundos. A velocidade das duas máquinas não parece ser a mesma. Não ficou provada a diferença, mas o fato é que os dados não são tão precisos para dizer se uma diferença existe ou não existe.

11.3. Resumo

O *teste LSD de Fisher* é o mais simples para a comparação de médias e tem a vantagem de usar a tabela de distribuição t, bem conhecida. É um teste poderoso, isto é, tem alta probabilidade de rejeitar a hipótese de igualdade de médias quando essa hipótese é falsa. Mas é muito liberal. Os estatísticos em geral consideram que o teste *LSD* de Fisher só será válido *se as comparações de médias forem planejadas antes de obter os resultados experimentais e em número igual ao número de graus de liberdade de tratamentos. Mas isso é discutível.*

O *teste de Bonferoni* é um ajuste para o teste *LSD* de Fisher, que torna o nível de significância para experimentos igual ou menor que o nível α estabelecido para a comparação de médias. Só deve ser aplicado para avaliar

[11] COCHRAN,W.G.;COX, G.M. **Experimental designs.** 2 ed. New York: Wiley. 1957.

um número pequeno de contrastes, que devem ser escolhidos antes de serem obtidos os resultados experimentais.

O *teste de Duncan* compara a amplitude de um conjunto de médias com a amplitude estudentizada mínima significante. É um teste sequencial porque procura, primeiramente, a significância do conjunto de médias com maior amplitude. Se essa amplitude for significante, a regra é buscar a significância dos conjuntos com menor amplitude, em sequência. O teste termina quando é encontrada uma amplitude não significante. É um teste bastante liberal.

O teste de Student-Newman-Keuls usa o mesmo procedimento do teste de Duncan. A diferença está em que, ao invés de usar a tabela da amplitude estudentizada mínima de Duncan, você busca o valor de q na tabela da amplitude estudentizada de Tukey. O teste de Student-Newman-Keuls tem maior poder do que o teste de Duncan e que o teste de Tukey. É, portanto, menos conservador.

O teste de Tukey-Kramer é indicado para comparar médias de tratamentos que têm *número diferente de repetições.* O teste assume variâncias iguais e, portanto, continua a usar o quadrado médio do resíduo (QMR) obtido na análise de variância como estimativa de variância da variável.

11.4. Exercícios

1. Em um experimento completamente ao acaso, em que os tratamentos são A, B, C e D, que contrastes ortogonais podem ser colocados em teste?

2. Os dados de um experimento para comparar quatro tratamentos estão apresentados na tabela a seguir. Faça uma análise de variância e depois compare as médias Pelo teste de Tukey-Kramer.

Dados de um experimento (fictício)

Tratamento			
A	B	C	D
3	10	4	5
5	8	5	8
4	6		

3. Os dados de um experimento para comparar cinco tratamentos estão apresentados na tabela a seguir. Faça uma análise de variância e depois comente.

Dados de um experimento (fictício)

Tratamento				
A	B	C	D	E
11	26	13	26	19
18	25	19	21	27
24	22	22	19	28
15	11	10	22	22

4. Os dados de um experimento para comparar quatro tratamentos estão apresentados na tabela a seguir. Faça uma análise de variância e depois compare as médias pelo teste de Bonferoni.

Dados de um experimento (fictício)

Tratamento			
1	2	3	4
55	64	55	50
47	55	49	41
48	64	52	44

5. Faça o teste de Duncan para comparar médias com os dados do Exercício 3 do Capítulo 3.

CAPÍTULO

12

Mais Sobre as Pressuposições

Pressupor significa supor antecipadamente, conjecturar, imaginar. Quando o pesquisador faz uma análise de variância, precisa pressupor que os erros são variáveis aleatórias independentes com distribuição normal de média zero e variância constante. Mas uma pressuposição pode ser transformada em hipótese e colocada em teste.

No Capítulo 4 definimos erro e tratamos as pressuposições básicas para proceder a uma análise de variância, além de mostrar algumas formas gráficas de verificar se as pressuposições fazem sentido. Há vários testes para as hipóteses de normalidade e variância constante. Vamos considerar aqui alguns testes para cada uma dessas hipóteses, porque você precisa entender o que um teste faz por você. Mas para o procedimento, use um software de estatística.

12.1. Testes de Normalidade

É inegável a importância da distribuição normal. Ela é a pressuposição subjacente para muitos procedimentos estatísticos, como para a análise de variância, que vimos neste livro. Para estabelecer se uma amostra aleatória de tamanho *n* de dados independentes proveio de uma distribuição normal[1], usam-se gráficos (histogramas, diagramas de caixa, gráficos Q-Q), estatísticas descritivas (coeficiente de assimetria e coeficiente de curtose) ou testes (Shapiro-Wilks e de Kolmogorov-Smirnov). O teste de Shapiro-Wilks é o que tem maior poder[2].

[1] Se você tem dados obtidos experimentalmente, teste se os resíduos provêm de uma distribuição normal.

[2] Poder do teste é a probabilidade de rejeitar H_0 quando H_0 é falsa, ou seja, neste caso, dizer que a distribuição não é normal quando, de fato, a distribuição não é normal.

Gráficos e estatísticas *descritivas* são critérios subjetivos. No entanto, para quem tem experiência como analista, gráficos têm a vantagem de permitir avaliar a normalidade independentemente do tamanho da amostra. Testes de normalidade são muito sensíveis ao tamanho da amostra[3]. Se a *amostra for pequena, os testes de normalidade têm pouco poder.*

Por outro lado, *uma amostra grande terá resultado significante no teste*, mesmo que o desvio da normalidade seja pequeno. Isso significa que pequenas amostras passam mais facilmente pelo teste de normalidade do que grandes amostras. De qualquer forma, pequenos desvios da normalidade *não* afetam os resultados do teste *F*.

12.1.1 Teste de Kolmogorov-Smirnov

O teste de aderência de Kolmogorov-Smirnov testa a hipótese de que a amostra que temos vem de população com distribuição específica. Quando a "distribuição específica" é a distribuição normal como no presente caso, podemos dizer que estamos usando o *teste de normalidade de Kolmogorov-Smirnov*.

Vamos ver, por meio de um exemplo, o procedimento para testar a hipótese de que uma amostra proveio de uma população com distribuição normal, usando o teste de normalidade de Kolmogorov-Smirnov.

Imagine que, com um cronômetro na mão para medir o período de oscilação de um pêndulo, você faz $n = 20$ medições. As leituras estão na Tabela 12.1.

Tabela 12.1. Leituras do período de oscilação de um pêndulo, em segundos

3,7	3,5	3,7	3,6
3,8	3,5	3,6	3,9
3,3	3,6	3,4	3,5
3,4	3,5	3,6	3,6
3,7	3,6	3,8	3,7

[3] ASGHAR GHASEMI AND SALEH ZAHEDIAS. Normality Tests for Statistical Analysis: A Guide for Non-Statisticians. *Int J Endocrinol Metab*. 10(2): 486–489. 2012

Para aplicar o teste de normalidade de Kolmogorov-Smirnov, comece calculando a média e os desvios dos dados em relação à média (d_i). A média é:

$$\bar{x} = \frac{3{,}7 + 3{,}8 + \cdots + 3{,}7}{20} = 3{,}6$$

Os desvios em relação à média estão apresentados na Tabela 12.2.

Tabela 12.2. Desvios em relação à média (d_i) das leituras do período de oscilação de um pêndulo, em segundos

0,1	–0,1	0,1	0,0
0,2	–0,1	0,0	0,3
–0,3	0,0	–0,2	–0,1
–0,2	–0,1	0,0	0,0
0,1	0,0	0,2	0,1

Organize os desvios em relação à média (d_i) em uma distribuição de frequências. Calcule, além das frequências (F), as frequências acumuladas (FA) e as frequências relativas acumuladas (FRA), como mostra a Tabela 12.3.

Tabela 12.3. Tabela de distribuição de frequências dos desvios em relação à média

Desvio (d_i)	Frequência (*F*)	Frequência acumulada (*FA*)	Frequência relativa acumulada (*FRA*)
–0,3	1	1	0,05
–0,2	2	3	0,15
–0,1	4	7	0,35
0	6	13	0,65
0,1	4	17	0,85
0,2	2	19	0,95
0,3	1	20	1

Depois, calcule os valores dos desvios padronizados (*standardized deviation*) dados pela fórmula:

$$z_i = \frac{d_i - \bar{d}}{s}$$

Como desvios em relação à média têm média zero, o desvio padrão, para o exemplo, é:

$$s = \sqrt{\frac{\Sigma d_i^2}{n-1}} = \sqrt{\frac{0{,}1^2 + 0{,}2^2 + \cdots + 0{,}1^2}{19}} = 0{,}1487$$

Os desvios padronizados, que estão na Tabela 12.4, são dados pela fórmula:

$$z_i = \frac{d_i}{s} = \frac{d_i}{0{,}1487}$$

Tabela 12.4. Desvios padronizados para os dados da Tabela 12.1

Desvio (d_i)	Desvio padronizado (z_i)
–0,3	–2,01778
–0,2	–1,34519
–0,1	–0,67259
0	0,00000
0,1	0,672593
0,2	1,345185
0,3	2,017778

Agora, organize uma tabela com os demais cálculos auxiliares necessários para proceder ao teste de normalidade de Kolmogorov-Smirnov. Veja a Tabela 12.5. Para organizar essa tabela, você ainda precisa obter:

1. As *probabilidades acumuladas* (P_i) *dos desvios padronizados* sob a distribuição normal padronizada ou reduzida[4].
2. As diferenças (D_i) entre as frequências relativas acumuladas dos desvios (FRA_i) e as probabilidades acumuladas P_i dos desvios padronizados. Depois, ache os valores absolutos de cada uma dessas diferenças e as apresente na tabela. Para a primeira diferença:

$$|D_1| = |0{,}05 - 0{,}022| = 0{,}028$$

3. As diferenças D_i' entre as probabilidades acumuladas P_i dos desvios padronizados e as frequências relativas acumuladas dos desvios

[4] Aprenda a usar a distribuição normal padronizada em VIEIRA, S. **Introdução À Bioestatística**. 6 ed. Rio de Janeiro: Elsevier. 2021.

FRA_{i-1} ou seja, da classe imediatamente anterior. Ache os valores absolutos dessas diferenças. Como exemplo, para a primeira diferença:

$$|D_1'| = |0{,}022 - 0| = 0{,}022$$

Para a segunda diferença:

$$|D_2'| = |0{,}089 - 0{,}05| = 0{,}039$$

4. Compare a maior estatística observada, seja D_i ou D_i', com o valor de D obtido em uma tabela de valores críticos de D para o teste de aderência de Kolmogorov-Smirnov para dados contínuos. A estatística de teste é:

$$D = \max |(\max D_i), (\max D_1')|$$

5. Rejeite a hipótese de que a amostra proveio de uma população com distribuição normal (a hipótese de nulidade) se a estatística D calculada for maior que o valor crítico dada na Tabela 12.6, no nível estabelecido de significância e para o tamanho de amostra[5]. Veja os resultados desses cálculos na Tabela 12.5.

Tabela 12.5. Cálculos auxiliares para o teste de aderência de Kolmogorov Smirnov

Desvio	Frequência (F)	Frequência acumulada (FA)	Frequência relativa acumulada (FRA)	Desvio padronizado (z)	Probabilidade acumulada sob a normal (P)	Diferença (D)	Diferença (D')
–0,3	1	1	0,05	–2,01778	0,022	–0,028	0,022
–0,2	2	3	0,15	–1,34519	0,089	0,061	0,039
–0,1	4	7	0,35	–0,67259	0,251	0,099	0,101
0	6	13	0,65	0,00000	0,500	**0,150**	**0,150**
0,1	4	17	0,85	0,672593	0,749	0,101	0,099
0,2	2	19	0,95	1,345185	0,911	0,039	0,061
0,3	1	20	1,00	2,017778	0,978	0,022	0,028

[5] Não será dada a tabela aqui, porque está na internet e você deve fazer o teste usando um software de estatística.

Tabela 12.6. Tabela (parcial) dos valores críticos de *D* para o teste de Kolmogorov Smirnov para variáveis contínuas

	Alfa			
	0,01	0,02	0,05	0,1
1	0,99500	0,99000	0,97500	0,95000
2	0,92930	0,90000	0,84189	0,77639
3	0,82900	0,78456	0,70760	0,63604
4	0,73421	0,68887	0,62394	0,56522
5	0,66855	0,62718	0,56327	0,50945
6	0,61660	0,57741	0,51926	0,46799
7	0,57580	0,53844	0,48343	0,43607
8	0,54180	0,50654	0,45427	0,40962
9	0,51330	0,47960	0,43001	0,38746
10	0,48895	0,45662	0,40925	0,36866
11	0,46770	0,43670	0,39122	0,35242
12	0,44905	0,41918	0,37543	0,33815
13	0,43246	0,40362	0,36143	0,32548
14	0,41760	0,38970	0,34890	0,31417
15	0,40420	0,37713	0,33760	0,30397
16	0,39200	0,36571	0,32733	0,29471
17	0,38085	0,35528	0,31796	0,28627
18	0,37063	0,34569	0,30936	0,27851
19	0,36116	0,33685	0,30142	0,27135
20	0,35240	0,32866	0,29407	0,26473

O valor máximo encontrado para *D* foi 0,150, menor que o valor crítico para o nível de significância de 5%, com tamanho de amostra 20. Então não se rejeita a hipótese de que a distribuição é normal.

12.1.2. Outros Testes de Normalidade

Há vários testes de aderência à distribuição normal. Alguns deles, como o de Anderson- Darling e o de Kramer-von Mises são, na realidade, melhoramentos feitos sobre o teste de Kolmogorov-Smirnov[6]. Como são mais poderosos, são preferidos por muitos analistas.

[6] KOLMOGOROV-SMIRNOV Goodness-of-Fit Test. Diusponível em: https://www.itl.nist.gov/div898/handbook/eda/.../eda35g.htm.Acesso em 19 de fevereiro de 2019.

O teste de Shapiro-Wilk é um bom teste, mas usa uma estatística complicada, que não será dada aqui. Para bem entender a estatística de teste, veja o trabalho original[7]. Mas é comum nos softwares de estatística e *deve ser preferido quando a amostra é pequena*. Usando um software de estatística, ache o resultado obtido no teste de Shapiro-Wilk para o exemplo anterior. E não se impressione com a diferença entre os *p-valores*: as estatísticas de teste são diferentes e o teste de Shapiro-Wilk tem mais poder (rejeita H_0 mais vezes).

12.2. Testes de Homogeneidade de Variâncias

Para quem tem experiência como analista – foi argumentado na Seção 12.1 – os gráficos têm a vantagem de permitir boa avaliação das pressuposições necessárias para proceder a uma análise de variância. É o caso do uso de gráficos para verificar a normalidade. Para verificar a homogeneidade das variâncias, você pode usar a regra prática: basta verificar se a maior variância não excede em três vezes a menor.

Mas há vários testes para *igualdade de variâncias*: teste de Levene, teste de Cochran, teste de Hartley, teste de Bartlett. Este último é antigo (1937) e muito conhecido. No entanto, ele só é sensível se a distribuição for normal. Logo, para aplicar o teste de Bartlett, teste a normalidade dos dados antes. O teste de Bartlet tende a *mascarar diferenças que existem* quando a curtose é negativa e *achar diferenças que não existem* quando a curtose é positiva[8].

Hoje o teste de Levene, que veremos em seguida, é muito usado. Foram propostas diversas modificações para esse teste[9]. O teste de Levene é uma função dos resíduos e das médias, dentro de cada tratamento. A modificação mais conhecida é o teste de Brown-Forsythe que usa, em lugar das médias de cada tratamento, as medianas. É indicado quando se suspeita da normalidade dos dados.

12.2.1. Teste de Levene

Para testar a hipótese de igualdade de variâncias pelo teste de Levene, calcule, primeiramente, os resíduos dos dados obtidos. Depois, faça uma

[7] The Shapiro-Wilk and related tests for normality. Disponível em:https://math.mit.edu/~rmd/465/shapiro.pdf . Acesso em 20 de fevereiro de 2019.

[8] SCHEFFÉ, H. **The analysis of variance**. New York: Wiley, 1959.

[9] KLEINMAN, K. Example 9.36 : Levene's test for equal variances. Disponível em: https://www.r-bloggers.com/example-9-36-levenes-test-for-equal-variances/ Acesso em 27 de março de 2019.

análise de variância (completamente ao acaso) dos *quadrados* desses resíduos ou dos *valores absolutos* desses resíduos. Os tratamentos são, obviamente, os mesmos da análise dos dados.

A lógica do teste de Levene é simples: quanto maiores forem as variâncias, tanto maiores serão os resíduos. Então, se as variâncias são homogêneas, o resultado do teste *F* para comparar as médias dos *quadrados* dos resíduos, ou dos valores absolutos desses resíduos, será não significante.

▶ Exemplo de procedimento para o teste de Levene

Para entender o procedimento, primeiro veja os dados apresentados na Tabela 12.7. As médias estão no rodapé dessa Tabela. Os resíduos estão apresentados na Tabela 12.8 e os quadrados dos resíduos na Tabela 12.9.

Tabela 12.7. Dados de um experimento (fictício)

Tratamento					
A	B	C	D	E	Controle
25	10	18	23	11	8
17	–2	8	29	23	–6
27	12	4	25	5	6
21	4	14	35	17	0
15	16	6	33	9	2
21	8	10	29	13	2

Tabela 12.8. Resíduos dos dados da Tabela 12.7

Tratamento					
A	B	C	D	E	Controle
4	2	8	–6	–2	6
–4	–10	–2	0	10	–8
6	4	–6	–4	–8	4
0	–4	4	6	4	–2
–6	8	–4	4	–4	0

Tabela 12.9. Quadrados dos resíduos dos dados da Tabela 12.7

Tratamento					
A	B	C	D	E	Controle
16	4	64	36	4	36
16	100	4	0	100	64
36	16	36	16	64	16
0	16	16	36	16	4
36	64	16	16	16	0

A análise de variância dos quadrados dos resíduos apresentados na Tabela 12.9 está na Tabela 12.10. Como o valor de *F* é não significante, não se rejeita a hipótese de que as variâncias são homogêneas.

Tabela 12.10. Análise de variância dos quadrados dos resíduos apresentados na Tabela 12.7

Causa de variação	*GL*	*SQ*	*QM*	*F*	*p*-valor
Tratamento	5	2022	404,5	0,48	0,786
Resíduo	24	20134	838,9		
Total	29	22157			

Quando as variâncias são muito *heterogêneas* e o número de repetições é grande, para proceder à análise de variância recomenda-se *ponderar os dados pelo inverso das variâncias*. Essa análise, no entanto, não é ensinada neste livro. Mas existe outro procedimento, bem mais utilizado: *transformar* os dados e aplicar a análise de variância aos dados transformados[10]. Veja a Seção 12.3 deste Capítulo.

12.3. Transformações Estabilizadoras da Variância

Para *estabilizar a variância,* são feitas transformações da variável que, em geral, também ajudam a normalizar os erros. Já foram feitas muitas pes-

[10] Uma exposição didática do assunto é dada em SNEDECOR, J. W., COCHRAN, W. G. **Statistical methods**. Wiley-Blackweel .8ª ed.1991.Veja também MONTGOMERY, D. C. **Design and Analysis of experiments**. Wiley. 9ed. 2017.

quisas para procurar a transformação que torna as variâncias mais homogêneas. Existem, então, algumas regras práticas.

Para quem tem pouco conhecimento de estatística, transformar dados pode parecer uma manipulação duvidosa, feita com a única finalidade de se chegar ao que se quer. Por conta disso, o pesquisador que transforma seus dados precisa saber defender o que fez. E é sempre recomendável aplicar a transformação mais comum entre os pesquisadores de sua área de trabalho.

E mesmo que você tenha feito um teste estatístico com a variável transformada – como a raiz quadrada do número de colônias de bactérias em placas de Petri – não é boa ideia relatar médias, erros padrões etc. em unidades transformadas. Um gráfico que mostrasse a média da raiz quadrada da variável em análise não expressaria o valor que um biólogo espera na condição estudada. É preciso *apresentar médias e desvios padrões* com a variável coletada.

12.3.1. Transformação para Dados de Contagem

É fato conhecido que a variável obtida por processo de *contagem* não tem distribuição normal nem variância constante. Em muitos experimentos, no entanto, a variável resulta de um processo de contagem. Um engenheiro pode contar o número de produtos não conformes (com defeito), um agrônomo pode contar o número de flores por planta, um biólogo pode contar o número de colônias de bactérias por placa.

Recomenda-se *extrair a raiz quadrada* dos dados de contagem, antes de proceder à análise de variância. A nova variável tem, em geral, variância constante. Se algumas contagens são muito pequenas, é recomendável calcular $\sqrt{Y + 0{,}5}$ ou $\sqrt{Y + 1}$.

▶ Exemplo de variável transformada por extração da raiz quadrada

Considere os dados de contagem apresentados na Tabela 12.11. Imagine que esses dados foram obtidos pela contagem do número de folhas com lesões em plantas com determinada doença.

Tabela 12.11. Número de folhas com lesões por planta, segundo o grupo

Tratamento	
Tratado	Controle
16	9
4	49
25	9
9	36
1	25
9	36
16	9
4	49
25	9
9	36
1	25
9	36

Para fazer a análise de variância dos dados da Tabela 12.11, recomenda-se *transformar a variável*, extraindo a raiz quadrada. Essa transformação é eficiente porque diminui a heterogeneidade das variâncias, conforme mostram os resultados apresentados na Tabela 12.12.

Tabela 12.12. Variâncias dos dados segundo o grupo, antes e depois da transformação da variável

	Transformação	
Grupo	Não	Sim
Controle	75,467	2,000
Tratado	259,467	2,800

Os dados transformados foram submetidos à análise de variância, apresentada na Tabela 12.13. O valor de *F* é significante no nível de 5%. Então, há diferença entre grupos.

Tabela 12.13. ANOVA dos dados da Tabela 4.7 após transformação

Causa de variação	GL	SQ	QM	*F*
Tratamentos	1	24	24,0000	11,00
Resíduo	22	48	2,1818	
Total	23	72		

Para apresentar as médias de grupos, convém voltar à variável original, que no exemplo é o número de folhas com lesões por planta, nos dois grupos. Verifique: o número médio de folhas com lesões por planta no grupo-controle é 27,33 e no grupo tratado 10,67. Como o valor *F* é significante ao nível de 5%, o tratamento tem efeito.

12.3.2. Transformação para Porcentagem

Há experimentos em que os valores que podem ser contados têm um máximo preestabelecido. Nesses casos, a variável em análise é uma proporção, que pode estar ou não expressa em porcentagem.

A proporção não se confunde com a contagem. Na contagem, não existe um limite preestabelecido para o valor máximo que pode ser contado. Por exemplo, o número de nódulos em raízes de leguminosas é uma contagem, porque não existe um valor máximo teórico que não pode ser ultrapassado. Já a porcentagem de germinação das sementes tratadas por diferentes processos é uma proporção, porque nesses experimentos se conhece o número de sementes postas para germinar.

Se as proporções calculadas variarem entre 0,3 e 0,7, a análise de variância pode ser feita sem transformação prévia, mas se existirem muitos valores fora desse intervalo, deve-se transformar a variável para homogeneizar as variâncias. Recomenda-se, nesses casos, a transformação arco seno da raiz da proporção.

▶ Exemplo de transformação arco seno da raiz da proporção

Observe os dados da Tabela 12.14, que poderiam ser o resultado de um experimento para comparar a eficácia de dois inseticidas, o novo e o convencional. Imagine que para fazer esse experimento foram submetidos, a cada inseticida, oito conjuntos de 50 insetos e se contou o número de insetos mortos. A variável em análise é a proporção de insetos mortos.

Tabela 12.14. Proporção de insetos mortos, segundo o inseticida

Inseticida	
Novo	Convencional
0,90	0,98
0,82	0,98
0,88	1,00
0,82	0,96
0,90	0,98
0,82	0,96
0,98	0,94
0,92	1,00

Os dados da Tabela 12.14 foram transformados, ou seja, foi calculado o arco seno da raiz quadrada das proporções conforme mostra a Tabela 12.15.

Tabela 12.15. Arco seno da raiz das proporções da Tabela 12.12

Tratamento	
Novo	Convencional
1,249	1,429
1,133	1,429
1,217	1,571
1,133	1,369
1,249	1,429
1,133	1,369
1,429	1,323
1,284	1,571

A análise de variância dos dados da Tabela 12.15 está apresentada na Tabela 12.16. O valor de *F* é significante ao nível de 5%. Conclui-se, então, que há diferença entre inseticidas.

Tabela 12.16. ANOVA dos dados da Tabela 12.12

Causa de variação	GL	SQ	QM	*F*
Tratamentos	1	0,172848	0,172848	18,62
Resíduo	14	0,129957	0,009283	
Total	15	0,302805		

Para apresentar as médias de grupos, convém voltar à variável original. Apresente a proporção média dos insetos mortos, nos dois grupos. Fica então fácil ver que a proporção média dos insetos mortos é menor com o novo inseticida (0,88) do que com o convencional (0,975).

12.3.3. Transformação Logarítmica

Se a variância dos grupos cresce com a média, é razoável optar pela transformação logarítmica para a análise. A explicação é a de que, se a variável que você estuda é resultante de fatores que se multiplicam, então essa variável tem *distribuição lognormal*. Um exemplo é a altura das árvores de um pomar. A altura de uma árvore é afetada por diversos fatores como solo, quantidade de água, de luz solar, de ventos etc. Se esses fatores não se somarem, mas se multiplicarem, a variável altura das árvores de um pomar tem distribuição lognormal.

▶ Exemplo de transformação logarítmica

Considere os dados (fictícios) apresentados na Tabela 12.15. A transformação logarítmica diminui a heterogeneidade das variâncias, conforme mostram os resultados apresentados na mesma tabela.

Tabela 12.17. Dados e suas transformadas (logaritmo decimal) segundo o grupo

	Dado		Logaritmo decimal	
	Grupo		Grupo	
	Tratado	Controle	Tratado	Controle
	38	6	1,580	0,778
	12	5	1,079	0,699
	13	7	1,114	0,845
	15	3	1,176	0,477
	13	5	1,114	0,699
	20	2	1,301	0,301
	50	4	1,699	0,602
	9	8	0,954	0,903
	28	10	1,447	1,000
	15	8	1,176	0,903
	20	6	1,301	0,778
	43	5	1,633	0,699
Média	23	5,75	1,298	0,724
Variância	185,64	5,11	0,058	0,038

12.4. Resumo

O teste de aderência de Kolmogorov-Smirnov testa a hipótese de que a amostra que temos vem de população com distribuição específica. Quando a "distribuição específica" é a distribuição normal, temos o *teste de normalidade de Kolmogorov-Smirnov*.

Há vários testes de aderência à distribuição normal. Alguns deles são melhoramentos feitos sobre o teste de Kolmogorov- Smirnov, como o de Anderson- Darling e o de Kramer-von Mises. Como são mais poderosos, são preferidos por muitos analistas.

O teste de Shapiro-Wilk *deve ser preferido quando a amostra é pequena.* Tem mais poder que o teste de Kolmogorov- Smirnov.

O teste de Levene, o teste de Cochran, o teste de Hartley e o teste de Bartlett testam a hipótese de igualdade de variâncias. Atualmente, o teste de Levene é o mais usado.

Se os dados resultaram de um processo de contagem, recomenda-se *extrair a raiz quadrada* dos dados para proceder à análise de variância. A nova variável terá, em geral, variância constante. Se algumas contagens são muito pequenas, é recomendável calcular $\sqrt{Y + 0{,}5}$ ou $\sqrt{Y + 1}$.

Se os dados são proporções, é preciso transformar a variável para homogeneizar as variâncias. Recomenda-se a transformação arco seno da raiz da proporção. No entanto, se houver muitos dados e as proporções calculadas variarem entre 0,3 e 0,7, a análise de variância pode ser feita sem transformação prévia.

Se a variância dos grupos cresce com a média, é recomendável optar pelo logaritmo dos dados para a análise.

12.5. Exercícios

1. Foi feito um experimento completamente ao acaso para comparar dois tratamentos, A e B, e uma testemunha. Cada tratamento foi repetido sete vezes. Os dados são contagens e estão na tabela apresentada em seguida. Faça a análise de variância, mas antes calcule as médias e os desvios padrões dos dados originais. Depois, transforme os dados, isto é, extraia a raiz quadrada e novamente calcule as médias e desvios padrões.

Dados de contagem, segundo o tratamento

Tratamento		
A	B	Testemunha
51	81	66
35	27	52
18	15	99
5	50	48
10	11	16
0	25	118
36	6	84

2. Um agrônomo quer verificar se a porcentagem de germinação de sementes depende do pH do solo. Para isso, colocou solo com pH 4,6 em seis vasos e solo com pH 6,4 em outros seis vasos. A porcentagem de germinação de sementes, em cada vaso e segundo o pH, está na tabela dada em seguida. Faça o teste *F*, mas transforme os dados.

Porcentagem de germinação, segundo o pH do solo.

pH	
pH 4,6	pH 6,4
0,96	0,95
0,91	0,98
0,90	0,98
0,93	0,97
0,96	0,95
0,92	0,99

3. Faça uma análise de variância para os dados apresentados na Tabela 12.11 e compare com a análise de variância feita para os dados transformados.

Respostas aos Exercícios

Capítulo 1. Introdução à Ciência Experimental

1. Unidade experimental: quatro linhas de milho de 10 m de comprimento; as duas linhas centrais constituem a área útil e as duas laterais são a bordadura; variável dependente: produção de milho em quilogramas de grão por hectare; em comparação: variedades A, B, C e D; forma de designar o tratamento às unidades: se o pesquisador dispõe de uma área de terra bastante homogênea, deve designar os tratamentos às parcelas por procedimento aleatório.

2. Unidade experimental: um corpo de prova; variável dependente: dureza do concreto; em comparação: grupo tratado (com aditivo) e grupo controle (sem aditivo); forma de designar o tratamento: por procedimento aleatório, quando o concreto estiver sendo misturado para construir cada corpo de prova.

3. Unidade experimental: uma folha de toalha de papel, com 30 cm de comprimento; variável dependente: resistência à ruptura; em comparação: quatro grupos, cada grupo constituído por uma marca; forma de designar o tratamento às unidades: a ordem para o teste de resistência será determinada por procedimento aleatório.

4. Variável dependente: produtividade da cultura; variável independente: as diferentes quantidades de água utilizadas na irrigação.

5. Por procedimento aleatório. Você pode usar fichas ou pedacinhos de papel, mas o certo é designar os inseticidas para as diferentes parcelas usando uma tabela de números aleatórios, de preferência em computador.

Capítulo 2. Delineamentos Experimentais

1. Delineamento:

    - Objetivo do experimento: estudar o efeito das três fórmulas da adubação comparadas com uma testemunha, no crescimento de Pinus;
    - Unidade experimental ou parcela: um vaso;
    - Variável dependente: diâmetro do colo, nove meses após o início do experimento;
    - Tratamentos (variável independente): três fórmulas da adubação e testemunha;
    - Forma como tratamentos serão designados às unidades experimentais: são cinco blocos com o mesmo tipo de solo. Para ter 15 repetições de tratamentos e testemunha, esses quatro grupos precisam ser repetidos três vezes em cada bloco ($3 \times 5 = 15$); forma de designar o tratamento: cada bloco deve ser constituído por 12 vasos com o mesmo tipo de solo; os quatro grupos serão designados três vezes para cada um dos 5 blocos por procedimento aleatório.

2. Unidade experimental: 20 vasos; variável em análise: altura da planta 55 dias após cultivo; em comparação: quatro modos de aplicação de zinco; forma de designar os tratamentos: serão designados às parcelas por procedimento aleatório.

3. Faça um delineamento em quadrado latino, usando, por exemplo, a distribuição dos tratamentos como mostrado na Figura 2.11.

4. Delineamento:

    - Objetivo do experimento: estudar o efeito de vitaminas do complexo A, do complexo B e de vitamina D no ganho de peso de suínos, comparando os resultados obtidos com os de um grupo controle;
    - Unidade experimental ou parcela: dois animais por baia;
    - Variável dependente: ganho de peso dos suínos;
    - Tratamentos (variável independente): três vitaminas e controle;
    - Forma como os tratamentos serão designados às unidades experimentais: ao acaso, dentro de cada bloco;
    - Número de unidades experimentais: 4 tratamentos, 4 blocos, dois animais por baia: 32 animais, 16 unidades experimentais.

5. Poderia ser, por exemplo: B; C; D; A; D; A; B; B; A; D; D; C; A; C; C; B

Capítulo 3. Análise de Variância para Delineamentos Completamente ao Acaso

1.

Médias e desvios padrão segundo os tratamentos

Estatística	Tratamento				
	A	B	C	D	E
Média	12	9	11	16	17
Desvio padrão	1,265	1,414	1,789	1,265	1,265

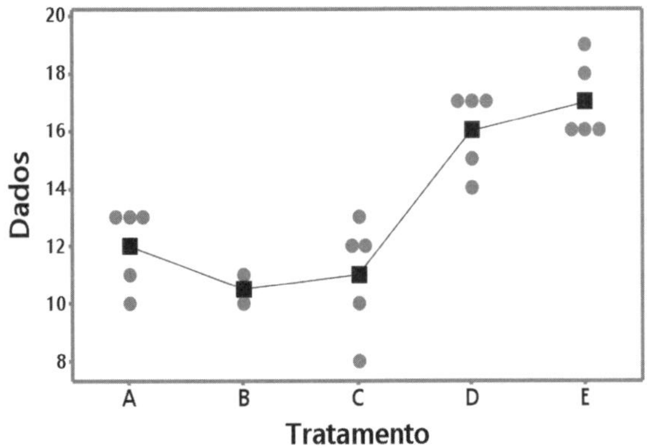

Dados e respectivas médias

2. Tabela de análise de variância

Análise de Variância

Causa de variação	GL	SQ	QM	*F*	*p*-valor
Tratamentos	4	276	69	34,5	0,00000
Resíduo	25	50	2		
Total	29	326			

3. Tabela de análise de variância

Análise de Variância

Causa de variação	GL	SQ	QM	*F*	*p*-valor
Tratamentos	3	150	50,00	7,407	0,00249
Resíduo	16	108	6,75		
Total	19	258			

4. Tabela de análise de variância

Análise de Variância

Causa de variação	GL	SQ	QM	*F*	*p*-valor
Tratamentos	1	16	16,000	5,60	0,033
Resíduo	14	40	2,857		
Total	15	56			

F = 5,60, significante no nível de 5% (com 1 e 14 graus de liberdade, a = 5%, valor crítico de F = 5,60). O p-valor é 0,032915. A média do grupo tratado é 5,00 e a média do controle é 7,00. A média do grupo controle é significantemente maior do que a do grupo tratado.

5. F = 1,72; não significante no nível de 5%. O p-valor é 0,198678.

Capítulo 4. Pressuposições Básicas

1. O diagrama de dispersão não mostra correlação serial entre os dados e a ordem em que foram coletados.

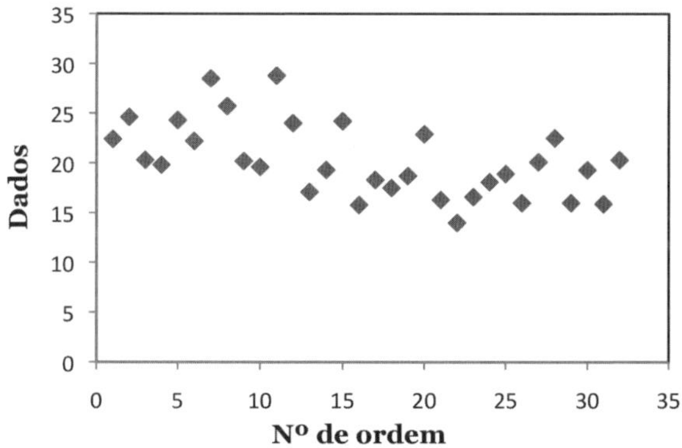

Diagrama de dispersão

2.

Médias e variâncias

Média	Variância
23,88	1,40
28,50	1,00
14,88	0,73
15,50	0,50

É razoável pressupor variâncias iguais (homocedasticia) porque a maior variância não excede a menor em três vezes.

3. Não parece razoável rejeitar a normalidade.

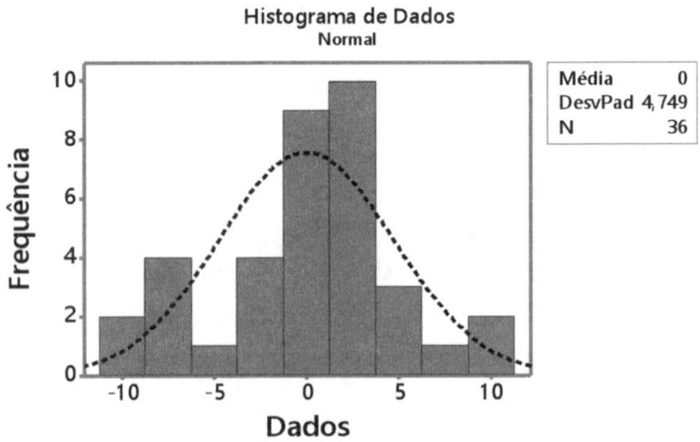

Histograma com ajuste da distribuição normal

4. No rodapé da tabela, são dadas as médias e as variâncias. A maior variância excede, em muito, a menor.

Tratamento								
1	2	3	4	5	6	7	8	9
12	13	26	8	11	28	19	17	24
8	28	21	26	20	27	24	18	24
11	13	33	18	22	28	10	14	23
14	24	31	16	30	24	20	18	17
11,25	19,5	27,75	17	20,75	26,75	18,25	16,75	22
6,25	59,00	28,92	54,67	60,92	3,58	34,92	3,58	11,33

5. Médias e variância no rodapé da tabela. Note que a maior variância, do tratamento 5, é 17 vezes as menores (tratamentos 6 e 8). Não é razoável pressupor variâncias constantes. O boxplot também mostra a heterogeneidade das variâncias

Dados obtidos em um experimento (fictício)

Tratamento								
1	2	3	4	5	6	7	8	9
12	13	26	8	11	28	19	17	24
8	28	21	26	20	27	24	18	24
11	13	33	18	22	28	10	14	23
14	24	31	16	30	24	20	18	17
11,25	19,50	27,75	17,00	20,75	26,75	18,25	16,75	22,00
6,25	59,00	28,92	54,67	60,92	3,58	34,92	3,58	11,33

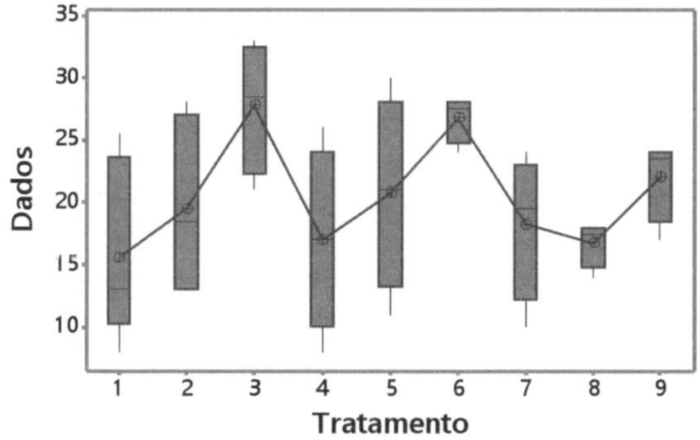

Boxplots comparando nove tratamentos

Capítulo 5. Comparação de Médias

1.

Análise de Variância

Causa de variação	GL	SQ	QM	Valor F	*p*-valor
Tratamentos	4	276	69	34,5	0,0000
Resíduo	25	50	2		
Total	29	326			

Comparação de médias: teste de Tukey

Tratamento	N	Média	Agrupamento		
E	6	17	A		
D	6	16	A		
A	6	12		B	
C	6	11		B	C
B	6	9			C

Médias que não compartilham uma letra são significantemente diferentes.

O valor da *HSD* é 2,40. Na tabela a seguir, o asterisco indica significância no nível de 5%.

Comparação de médias: teste de Tukey

	Tratamento				
Tratamento	A: 12	B: 9	C: 11	D: 16	E: 17
A: 12		3*	1	–4*	–5*
B: 9			–2	–7*	–8*
C: 11				–5*	–6*
D: 16					–1

Em média, os tratamentos E e D dão maiores resultados que todos os outros. O tratamento A dá, em média, maior resultado que B.

2. Os resultados do teste de Tukey foram obtidos por um programa de computador. Os *p*-valores estão apresentados nas células – não são as diferenças de médias. Portanto, em média, as marcas C e D têm peso significantemente maior que a marca B.

Comparação de médias: teste de Tukey

	A	B	C	D
Médias	117	114	120	121
A		0,2979	0,2979	0,1104
B			0,0105	0,0031
C				0,9279

Comparação de médias: teste de Tukey

Tratamento	N	Média	Agrupamento	
D	5	121	A	
C	5	120	A	
A	5	117	A	B
B	5	114		B

Médias que não compartilham uma letra são significantemente diferentes.

3.

Análise de Variância

Causa de variação	GL	SQ	QM	*F*	*p*-valor
Tratamentos	2	632	316	1,29	0,321
Resíduo	9	2.202	244,6667		
Total	11	2.834			

Comparação de médias: teste de Dunnett

Tratamento	N	Média	Agrupamento
Testemunha	4	78	A
A	4	74	A
B	4	61	A

Nota: As médias não rotuladas com a letra A são significativamente diferentes da média da testemunha.

4.

Comparação de médias: teste de Scheffé

Tratamento	*n*	Subconjunto
A	4	74,00
B	4	61,00
Testemunha	4	78,00

Nota: Exibidas médias para grupos em subgrupos homogêneos (*p*-valor = 0,350)

5. Se possível, use diferentes softwares e compare as conclusões.

Capítulo 6. Delineamentos em Blocos

1. Cada operador (bloco) usará cada uma das marcas comerciais de calculadora (tratamentos) em ordem aleatória. O experimento tem seis blocos e cinco tratamentos.

2.

Análise de Variância

Causa de variação	GL	SQ	QM	*F*	*p*-valor
Tratamentos	2	632	316	5,02	0,052
Blocos	3	1.824	608	9,65	0,010
Resíduo	6	378	63		
Total	11	2.834			

3.

Análise de Variância

Causa de variação	GL	SQ	QM	*F*	*p*-valor
Tratamentos	4	3.090	772,5	33,59	0,000
Blocos	2	2.770	1.385	60,22	0,000
Resíduo	8	184	23		
Total	14	6.044			

4.

Análise de Variância

Causas de variação	GL	SQ	QM	*F*	*p*-valor
Tratamentos	3	3,136	1,045	6,53	0,007
Blocos	4	3,072	0,768	4,80	0,015
Resíduo	12	1,92	0,16		
Total	19	8,128			

5.

$$HSD = q_{\alpha,t,gl}\sqrt{\frac{QMR}{r}}$$

$$HSD = 4,1985\sqrt{\frac{0,16}{5}} = 0,751$$

Comparação de médias: teste de Tukey

	B: 4,80	C: 6,04	D: 5,00
A: 4,56	-0,24	-1,48*	-0,44
B: 4,80		-1,24*	-0,20
C: 6,04			1,04*

Nota: Asteriscos indicam significância (5%)

A média de C é significantemente maior que as outras.

Capítulo 7. Mais sobre Experimentos Completamente ao Acaso e em Blocos

1.

Análise de Variância

Causa de variação	GL	SQ	QM	Valor F	*p*-valor
Tratamentos	3	28,6	9,533	3,813	0,077
Resíduo	6	15,0	2,500		
Total	9	43,6			

O teste F é significante no nível de 10%. O teste de Dunnett mostra, no nível de 10%, que a média do tratamento A difere significantemente do controle.

Comparação de médias: teste de Dunnett

Tratamento	Nº de parcelas	Média	Agrupamento
Controle	3	4	A
A	3	8	
B	2	4,5	A
C	2	6,5	A

2. Construa três blocos: 1, 2 e 3. Cada bloco receberá um manejo de irrigação. Dentro de cada bloco, sorteie os quatro tratamentos, que terão duas repetições cada um. Autores[1] sugerem parcelas de 24 m^2, com 6 m de distância entre parcelas. Veja no esquema as parcelas numeradas. Importante: se blocos (manejos de irrigação) e tratamentos formam sorteados, o certo é testar a interação considerando efeitos aleatórios. Veja o Capítulo 8. As doses de nitrogênio exigem teste de regressão

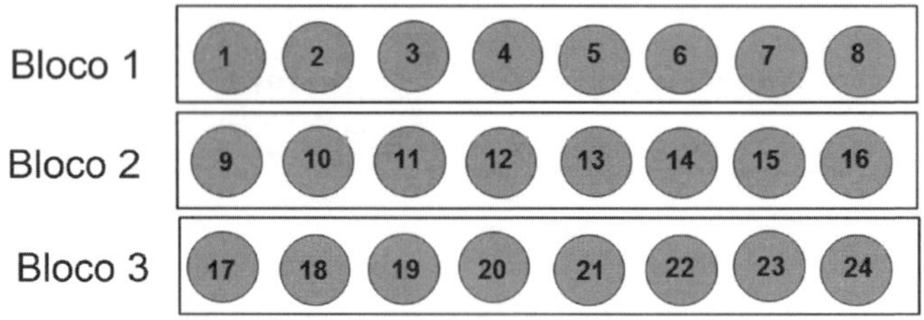

3.

Análise de Variância

Causa de variação	GL	SQ	QM	Valor *F*	*p*-valor
Tratamentos	2	123,61	61,806	9,66	0,002
Resíduo	15	96	6,400		
Total	17	219,61			

4.

Comparação de médias: teste de Tukey-Kramer

Tratamento	N	Média	Agrupamento
Controle	5	22	A
A	8	18	B
B	5	15	B

5.

Análise de Variância

Causa de variação	GL	SQ	QM	*F*	*p*-valor
Tratamentos	1	48	48	21,33	0,002
Blocos	2	98	49	21,78	0,001
Resíduo	8	18	2,25		
Total	11	164			

[1] Com base em: GOES, R.J.; LOPES, A.S.; SOUTO FILHO, S. N. E OLIVEIRA, G. Q.. Qualidade fisiológica de sementes de feijão sob manejos de irrigação e doses de nitrogênio Uruguaiana, v.18, n. 1, p. 155-164. 2011.

Capítulo 8. Efeitos Fixos e Efeitos Aleatórios

1. Sorteiam-se diferentes partidas de um mesmo tipo de café e sorteiam-se degustadores. Depois se sorteia, para cada degustador, a ordem em que irá testar as diversas partidas.

2. Sorteiam-se as usinas. Depois em cada usina será sorteado o tratamento para cada uma das dornas.

3. Para tratamentos F = 19,150, para blocos F = 37,795 e para a interação F = 2,268. São significantes no nível de 5% os valores de F para tratamentos e para blocos.

4. Para tratamentos F = 8,444, para blocos F = 16,667 e para a interação F = 2,268. Apenas o valor de F para blocos é significante no nível de 5%.

5. Para tratamentos F = 19,150, para blocos F = 16,667 e para a interação F = 2,268. Os valores de F para tratamentos e para blocos são significantes no nível de 5%.

Capítulo 9. Experimentos Fatoriais

1. Sejam A_1 e A_0 preparo direto e preparo convencional do solo. Sejam B_1 e B_0 a adubação química e a adubação orgânica. Então os tratamentos são preparo direto + adubação química (00); preparo direto + adubação orgânica (01); preparo convencional + adubação química (10); preparo convencional + adubação orgânica (11).

2. Sejam A_1, A_2, A_3 e A_4 as fórmulas de adubação e I_1 e I_2 os níveis de irrigação. Então os tratamentos são $A_1 I_1$, $A_1 I_2$, $A_2 I_1$, $A_2 I_2$, $A_3 I_1$, $A_3 I_2$, $A_4 I_1$, e $A_4 I_2$.

3.

Análise de Variância

Causa de Variação	GL	SQ	QM	*F*
A	1	192	192	72,00
B	1	300	300	112,50
A × B	1	12	12	4,50
Tratamentos	3	504	168	63,00
Blocos	2	32	16	6,00
Resíduo	6	16	2,667	
Total	11	552		

Os valores de *F* para A e para B são significantes no nível de 5%. A interação não é significante nesse nível (*p*-valor = 0,0004).

4.

Análise de Variância

Causas de Variação	GL	SQ	QM	*F*
B	2	2.328	1.164	111,74
A dentro de B_0	2	672	336	32,26
A dentro de B_1	2	392	196	18,82
A dentro de B_2	2	56	28	2,69
Tratamentos	8	3.448	431	41,38
Blocos	3	1.962	654	62,78
Resíduo	24	250	10,417	
Total	35	5.660		

São significantes, no nível de 5%, o efeito de B, o efeito de A dentro de B_0 e o efeito de A dentro de B_1.

5.

Análise de Variância

Causa de variação	GL	SQ	QM	*F*
A	1	2.592	2.592	64,8
B	1	128	128	3,20
C	1	3.872	3.872	96,8
A × B	1	1.152	1.152	28,8
A × C	1	288	288	7,20
B × C	1	128	128	3,20
A × B × C	1	32	32	0,80
Tratamentos	7	8.192	1.170,3	29,26
Resíduo	24	960	40	
Total	31	9.152		

No nível de 5%, o efeito de A, o efeito de C, a interação A x B e a interação A x C são significantes. Não compare os níveis de A e de C, mas A dentro de B e A dentro de C.

Capítulo 10. Outros Delineamentos

1. Dentro de cada bloco, é preciso designar ao acaso as duas distâncias entre linhas L_1 e L_2 para as parcelas. Depois, dentro de cada parcela, deve-se designar também ao acaso as distâncias entre plantas P_1; P_2; P_3; P_4. Na prática, organize mais blocos, para ter resíduos com graus de liberdade em número suficiente.

Bloco 1		Bloco 2		Bloco 3	
L_1	L_2	L_1	L_2	L_2	L_1
P_1	P_1	P_1	P_1	P_1	P_1
P_2	P_2	P_2	P_2	P_2	P_2
P_4	P_4	P_4	P_4	P_4	P_4
P_3	P_3	P_3	P_3	P_3	P_3

2. Sorteiam-se, por exemplo, sete fornecedores de uma lista de fornecedores. Depois, retiram-se amostras de carvão de diversas partidas de cada fornecedor. Poderiam ser retiradas, por exemplo, três amostras de cada uma das quatro partidas do mesmo fornecedor. Veja: seriam sete fornecedores, quatro partidas de cada fornecedor, três amostras de cada partida do mesmo fornecedor; total: 84 parcelas.

3. Em um experimento real, seria recomendável usar mais blocos.

BLOCO I				BLOCO II				BLOCO III			
N4	1	2	3	N2	1	2	3	N3	1	2	3
N2	2	1	3	N3	2	1	3	N2	2	2	1
N4	3	1	2	N1	2	3	1	N4	3	1	2
N3	2	1	3	N2	1	3	2	N1	1	3	2

BLOCO IV				BLOCO V				BLOCO VI			
N1	3	2	1	N2	3	2	1	N3	1	3	2
N2	2	3	1	N4	2	1	3	N1	2	1	3
N3	3	2	1	N1	3	2	1	N4	3	2	1
N4	3	1	2	N3	1	3	2	N2	1	3	2

4.

Análise de Variância

Causa de variação	GL	SQ	QM	*F*
A	3	22,40	7,467	42,82
b dentro de A	4	19,70	4,925	28,24
Resíduo	32	5,58	0,1744	
Total	39	47,68		

Os valores de *F* são significantes ao nível de 5%.

5.

Análise de Variância

Causa de variação	GL	SQ	QM	F
Tratamentos A	3	1.884	680	10,47
Blocos	1	1.536	1.536	25,60
Resíduo (a)	3	180	60	
Parcelas	7	3.600	248	
Tratamento b	2	496	7	66,13
Interação A × B	6	42	3,75	1,87
Resíduo (b)	8	30		
Total	23	4.168		

Os valores de *F* para tratamentos A, para tratamentos b e para blocos são significantes no nível de 5%. Na prática, estes resultados teriam pouca confiabilidade devido o pequeno número de graus de liberdade nos resíduos.

Capítulo 11. Mais Testes para Comparação de Médias

1.

Contrastes de médias

	Média do tratamento			
Contraste	A	B	C	D
C_1	1	0	0	–1
C_2	0	1	–1	0
C_3	1	–1	–1	1

2. Resposta em saída do SAS

Source	DF	Sum of Squares	Mean Square	F Value	Pr > F
Model	3	28.60000000	9.53333333	3.81	0.0767
Error	6	15.00000000	2.50000000		
Corrected Total	9	43.60000000			

R-Square	Coeff Var	Root MSE	y Mean
0.655963	27.26101	1.581139	5.800000

Adjustment for Multiple Comparisons: **Tukey-Kramer**

LSMEAN

trat	y LSMEAN	Number
T1	4.00000000	1
T2	8.00000000	2
T3	4.50000000	3
T4	6.50000000	4

Least Squares Means for effect trat
Pr > |t| for H0: LSMean(i)=LSMean(j)

Dependent Variable: y

i/j	1	2	3	4
1		0.0765	0.9844	0.3856
2	0.0765		0.1720	0.7349
3	0.9844	0.1720		0.6137
4	0.3856	0.7349	0.6137	

3.

Médias dos tratamentos

Tratamento	*r*	Média
A	4	17
B	4	21
C	4	16
D	4	22
E	4	24

Análise de Variância

Causa de variação	GL	SQ	QM	*F*	*p*-valor
Tratamentos	4	184	46	1,72	0,199
Resíduo	15	402	26,8		
Total	19	586			

Como o valor de F é não significante, não se recomenda buscar um teste para a comparação de médias.

4.

Análise de Variância

Causa de variação	GL	SQ	QM	F	*p*-valor
Tratamentos	3	402,00	134,00	7,053	0,012
Resíduo	8	152,00	19,00		
Total	11	554,00			

Médias e desvios padrão

Tratamento	*r*	Média	Desvio padrão
1	3	50	4,360
2	3	61	5,200
3	3	52	3,000
4	3	45	4,580

Saída do SPSS

(I) Tratamento	(J) Tratamento	Diferença média (I-J)	Erro padrão	Sig.	Intervalo de confiança 95%	
					Limite inferior	Limite inferior
1,00	2,00	–11,0000	3,55903	0,89	–23,3814	1,3814
	3,00	–2,0000	3,55903	1,000	–14,3814	10,3814
	4,00	5,0000	3,55903	1,000	–7,3814	17,3814
2,00	1,00	11,0000	3,55903	0,89	–1,3814	23,3814
	3,00	9,0000	3,55903	0,212	–3,3814	21,3814
	4,00	16,0000	3,55903	0,012*	3,6186	28,3814

(continua)

(I) Tratamento	(J) Tratamento	Diferença média (I-J)	Erro padrão	Sig.	Intervalo de confiança 95%	
					Limite inferior	Limite inferior
3,00	1,00	2,0000	3,55903	1,000	−10,3814	14,3814
	2,00	-9,0000	3,55903	0,212	-21,3814	3,3814
	4,00	7,0000	3,55903	0,509	-5,3814	19,3814
4,00	1,00	−5,0000	3,55903	1,000	−17,3814	7,3814
	2,00	−16,0000	3,55903	0,012*	-28,3814	-3,6186
	3,00	−7,0000	3,55903	0,509	−19,3814	5,3814

* A diferença média é significativa no nível 0,05.

Em média, o tratamento 2 dá resultados significantemente maiores do 4 (5%).

5.

B	A	C	D
114	117	120	121

Pesos

	Tratamento	N	Subconjunto para alfa = 0,05		
			1	2	3
Duncan[a]	2,00	5	114,0000		
	1,00	5	117,0000	117,0000	
	3,00	5		120,0000	120,0000
	4,00	5			121,0000
	Sig.		0,87	0,87	0,551

São exibidas as médias para os grupos em subconjuntos homogêneos.

Capítulo 12. Mais sobre as Pressuposições para uma Análise de Variância

1. **Estatísticas da variável sem transformar e transformada**

	Estatística	A	B	Testemunha
Sem transformar	Média	22,1	30,7	69,0
	Desvio padrão	18,9	26,4	34,3
Transformados	Média	4,100	5,129	8,034
	Desvio padrão	2,4947	2,2664	2,2779

Utilizando a raiz quadrada das contagens, obtém-se $F = 5,28$, com 2 e 18 graus de liberdade. Como o correspondente valor da tabela, no nível de significância de 5%, é 3,55, o resultado é significante, indicando que as médias não são iguais.

Análise de Variância

Causa de variação	GL	SQ	QM	*F*	*p*-valor
Tratamentos	2	58,29	29,144	5,28	0,016
Erro	18	99,3	5,516		
Total	20	157,58			

2. Utilizando o arco-seno da raiz quadrada das proporções, você obtém $F = 10,59$ com 1 e 10 graus de liberdade. No nível de 5%, o valor de F na tabela é 4,96. Portanto, o resultado é significante, indicando que a taxa de germinação é maior com pH 6,4. Você deve verificar também que a média da taxa de germinação é 0,93 para pH 4,6 e 0,97 para pH 6,4.

Análise de Variância

Causas de variação	GL	SQ	QM	*F*	*p*-valor
Tratamentos	1	0,02751	0,027514	10,59	0,009
Resíduo	10	0,02599	0,002599		
Total	11	0,0535			

Dica: para achar a transformada arco seno de um número, use o EXCEL função ASEN(Num).

3. Análise de variância: a) O valor de *F* é significante no nível de 5%. É menor que o valor de *F* obtido para os dados transformados, mas a diferença entre os dois valores de *F* é pequena porque os dados são poucos. A amostra de dados fictícios é pequena porque este livro tem a finalidade de mostrar o procedimento de análise. Poucos dados ajudam o leitor a se familiarizar com o procedimento. No entanto, se você pretende obter dados de contagem, não pense em menos de 100.

Análise de Variância

Causa de variação	GL	SQ	QM	F	*p*-valor
Tratamentos	1	1667	1666,7	10,95	0,003
Resíduo	22	3349	152,2		
Total	23	5016			

Recomendações Bibliográficas

BOX, G. E. P., HUNTER, W. G., HUNTER, J. S. **Statistics for experimenters: Design, Innovation and Discovery** 2.ed. New York: Wiley. 2005.

BUSSAB, W., MORETTIN, P. A. **Estatística Básica**. 6 ed. São Paulo: Saraiva. 2010.

CHOW, S. C. , LIU, J.L. **Design and analysis of Clinical trials**. New York: Wiley. 2004.

COCHRAN, W. S., COX, G. M. **Experimental designs**. 2 ed. New York : Wiley. 1992.

COX, D.R. **Planning of experiments**. New York: Wiley.1958.

DEAN, A., VOSS, D.;DRAGULJIC, D. **Design and analysis of experiments**. 2 ed.New York: Springer. 2017.

FISHER, R. A. **The design of experiments.** 8. ed. New York: Hafner. 1966.

GLANTZ, S. A. **Primer of biostatistics**. 7. ed. New York: McGraw-Hill, 2012.

IRELAND, C. **Experimental Statistics for Agriculture and Horticulture**. Writtle College, 2010.

MEAD, R., CURNOW, R. N. (editors). **Statistical methods in agriculture and experimental biology**. New York: Springer. 2014.

MISCHAN, M.M., PINHO, S. Z. **Experimentação Agronômica**. São Paulo. UNESP. 1996.

MONTGOMERY, D. C. **Design and analysis of experiments**. 8 ed. New York: Wiley. 2012.

NETER, J., WASSERMAN, W. **Applied linear statistical models.** e-book, 2014.

OTT, L., e MENDENHALL, W. **Understanding Statistics.** New York. Duxburry. 2000

PIMENTEL-GOMES, F., GARCIA, C.H. **Estatística Aplicada a Experimentação Agronômica e Florestais.** Exposições com exemplos e orientações para uso de aplicativos. FEALQ, Piracicaba, SP. 2002.

SCHEFFÉ, H. **The analysis of variance**. New York: Wiley. 1959.

SNEDECOR, G. W., COCHRAN, W. S. **Statistical methods.** 8. ed. Ames, Iowa State Univ. 1972.

WINER, B. J. **Statistical principles in experimental design.** 2. ed. New York: McGraw- Hill. 1971.

ZAR, J. H. **Biostatistical analysis**. 5.ed. New Jersey: Prentice Hall. 2010.